Les mondes nouveaux de la biologie

François Gros

Les mondes nouveaux de la biologie

Odile Jacob

15, RUE SOUFFLOT, 75005 PARIS

www.odilejacob.fr

ISBN : 978-2-7381-2720-4

À Danièle

Introduction

La biologie connaît actuellement une évolution profonde. Bien plus, elle entame aujourd'hui certains changements assimilables à de véritables révolutions. Avant d'en présenter ici les traits caractéristiques, jetons un rapide coup d'œil sur son histoire pour mesurer le chemin parcouru. Passage de l'histoire naturelle à la biochimie, naissance de la biologie moléculaire, intervention du génie génétique, explosion de la génomique : toutes ces transformations ont, en effet, constitué autant d'étapes fondamentales pour la connaissance du vivant et continuent d'ailleurs à l'alimenter.

De l'histoire naturelle à la biochimie

Lorsque, au début du XIXe siècle, le directeur du Jardin du Roi, Jean-Baptiste de Larmarck, invente – en même temps, d'ailleurs, que le savant allemand Treviranus – le mot « biologie », il est alors loin d'imaginer le développement fulgurant de la nouvelle discipline. Mais n'en décrions pas les débuts, lesquels remontent bien avant

Lamarck lui-même, au motif que le but premier était surtout d'inventorier plantes et animaux. Connaître la biodiversité[1], n'est-ce pas une préoccupation humaine par excellence ? La biologie serait toutefois demeurée au stade d'histoire naturelle, celle du recensement et de la classification des espèces et à leur description, si les scientifiques n'avaient cherché à ouvrir les « boîtes noires » du vivant ! Percer les mystères de l'alchimie cellulaire, voilà la mission que se sont impartie des générations de chercheurs.

Grâce à la biochimie, en premier lieu, les grandes fonctions physiologiques[2], le métabolisme de la cellule deviennent peu à peu compréhensibles. Un danger guette cependant cette chimie cellulaire, celui de tomber à nouveau dans une démarche descriptive, même s'il est vrai que l'on doit à cette approche l'essentiel de ce que nous savons en énergétique cellulaire et des grandes voies métaboliques.

La biologie moléculaire et la génomique : deux nouveaux souffles

Dans la seconde moitié du XXe siècle, la biologie, grâce à la vision de certains physiciens, va prendre un nouveau départ avec la naissance de la biologie moléculaire. L'adage qui préside à son application est simple : pour comprendre comment fonctionne la cellule, il ne suffit plus d'en décrire ni d'en isoler les constituants

1. Les principaux termes techniques et concepts scientifiques utilisés dans le présent ouvrage font l'objet d'un glossaire à la fin du livre.
2. Telles que l'utilisation des glucides, les fermentations, la respiration et, d'une manière générale, les échanges énergétiques, les voies métaboliques dégradatives…

chimiques, il convient d'analyser comment ceux-ci opèrent au niveau physico-chimique et d'étudier leur structure à l'échelle moléculaire. Ainsi l'analyse de telles structures passe au premier plan. Les biologistes renouvellent leurs recherches grâce à des technologies en partie élaborées par des physiciens[3] et appliquées à l'analyse des macromolécules, l'accent étant désormais mis sur les processus de transmission héréditaire des caractères de la cellule. Les théories de l'information, si fructueuses en physique, exercent une grande influence en biologie. On s'intéresse au contenu informatif des grands biopolymères. L'attention considérable portée initialement, de façon quasi exclusive, aux protéines, véritables catalyseurs enzymatiques du vivant, pendant l'ère « métabolique » de la biologie, se focalise peu à peu sur les acides nucléiques, notamment sur l'ADN.

À l'époque, l'existence des gènes est connue de longue date, mais leur nature physique, leur « mode d'action » demeurent partiellement incompris. L'élucidation de la structure de l'ADN par J. Watson, F. Crick et M. Wilkins en 1953 marque le point de départ véritable de la biologie moléculaire. À partir de ce moment, la biologie va engranger, comme l'on sait, une moisson considérable de découvertes. Elle le devra aussi, il est vrai, au choix judicieux de ses modèles d'étude, les bactéries et leurs virus – les bactériophages –, déjà puissants leviers pour l'essor de la génétique. Dans quelle mesure les données et concepts issus des travaux sur les bactéries – notamment sur *E. coli* – sont-ils extrapolables à l'étude des organismes supérieurs ? La question devient centrale vers le milieu des

3. Des procédés techniques tels que l'ultracentrifugation analytique, l'électrophorèse et surtout l'étude des structures cristallographiques vont en effet éclairer les biologistes sur les configurations macromoléculaires à l'échelle tridimensionnelle.

années 1960. Comprendre le vivant, à ce niveau de complexité, ne se limite pas à un franchissement d'échelle. Le recours à des techniques permettant d'isoler les gènes des grands organismes, d'en analyser la séquence chimique, de commencer à en déchiffrer le contenu informatif et la régulation se révèle nécessaire. Elles seront apportées par le génie génétique, puis par la génomique au cours des trois dernières décennies du XXe siècle. C'est grâce à elles qu'il est devenu possible de commencer à entrevoir la complexité de l'usine cellulaire et d'aborder les relations entre le fonctionnement du génome et les grandes étapes du développement normal et pathologique.

La biologie aujourd'hui : une certaine alliance du biologiste, de l'informaticien et du chimiste

Où se situent les grands problèmes aujourd'hui ? Cette question, en elle-même, peut paraître à la fois démesurée et présomptueuse ! C'est peu dire toutefois que d'impliquer ici l'énorme complexité des situations à traiter. Le génome ne mène pas en effet une existence autonome ! Au sein de cette usine miniature qu'est la cellule, il est en interaction, non seulement avec une multitude d'éléments internes à celle-ci, tels que les protéomes, les transcriptomes, c'est-à-dire avec de gigantesques réservoirs de protéines et d'acides ribonucléiques, mais aussi et surtout avec l'environnement. On imagine sans peine le lacis des facteurs de signalisation et de régulation mis en jeu pour activer ou réprimer les gènes cibles aux diverses phases du développement. L'esprit humain est placé ici devant une tâche titanesque : comment s'y reconnaître dans cet écheveau d'interactions ? Seules des approches modélisatrices, comme celles utilisées dans l'étude des réseaux, permettent de traiter des systèmes aussi complexes, impliquant de multiples boucles de rétroaction, des interactions en cascades, des variations oscillatoires, etc. Ainsi se forge peu à peu une véritable biologie des systèmes.

Mais il est aussi une autre façon d'aborder la complexité du vivant : c'est de changer les éléments essentiels de la cellule et d'analyser les effets qui en résultent. La biologie, depuis quelque temps, connaît de nouveaux développements grâce à la chimie de synthèse. D'où le nom désormais utilisé pour désigner cette nouvelle alliance de « biologie de synthèse ». Le mouvement a plutôt été initié par les chimistes eux-mêmes dans leurs premières tentatives visant à forger des molécules artificielles, mais présentant des propriétés rappelant par exemple celles des enzymes (qu'on pense à la chimie biomimétique impulsée par le chimiste et prix Nobel français J.-M. Lehn). Toutefois, suite aux énormes progrès réalisés dans la synthèse chimique de molécules complexes issues du monde vivant[4], la biologie synthétique s'intéresse désormais à la synthèse complète de génomes viraux ou cellulaires. L'un des objectifs visés (voir les travaux menés par l'équipe de J. Craig Venter) est ainsi de remplacer les génomes naturels de certains micro-organismes par des génomes artificiels dont on aura pu modifier, par exemple, le nombre et la nature des gènes, afin de leur conférer des propriétés nouvelles présentant un intérêt biotechnologique : dépollution, fourniture d'énergie, hémisynthèse d'agents pharmacologiques, etc. Une autre voie empruntée par la

4. Par exemple, la vitamine B12 ou de très longs polymères formés par assemblage des éléments unitaires faisant partie intégrante des acides nucléiques.

biologie synthétique réside dans ses tentatives pour fabriquer des assemblages chimiques artificiels de protéines et d'acides nucléiques, manifestant des propriétés rappelant celles de cellules vivantes (réplication, activités pseudo-métaboliques, etc.).

Ambition et organisation de l'ouvrage

Dans ce livre, nous avons donc entrepris de montrer en quoi la biologie contemporaine permet de faire avancer nos connaissances sur certains des aspects fondamentaux touchant à l'origine et à la nature même du vivant ; nous avons aussi voulu examiner en quoi ces connaissances sont susceptibles de déboucher sur des applications concrètes dans le domaine de la santé. Tenter de percer les mystères des origines de la vie, de comprendre les mécanismes qui sous-tendent l'évolution des espèces et le fonctionnement de ce formidable microcosme qu'est l'usine cellulaire, constitue en quelque sorte les facettes d'un même et gigantesque problème. Satisfaire une telle ambition a-t-il des chances d'améliorer nos conditions de vie et de fournir des outils nouveaux à la médecine ?

La première partie de notre ouvrage sera ainsi consacrée à l'exploration de ce problème clé : les origines de la vie, l'évolution et la biodiversité. La génétique moléculaire et la génomique fournissent, en effet, nous le verrons, des éclairages beaucoup plus précis sur l'apparition des principaux règnes du vivant, sur la diversification des espèces et, aussi, sur les menaces dont elles peuvent subir les effets aujourd'hui. Ces disciplines et les techniques qui s'y rattachent apportent également des informations inattendues sur les débuts de l'hominisation.

Notre deuxième partie tentera de mettre en lumière deux aspects du renouveau en biologie moléculaire. Nous décrirons certains des travaux qui s'y rattachent et qui touchent en particulier aux perspectives associées à la synthèse de génomes complets. D'autre part, nous assistons actuellement à une véritable révolution dans notre connaissance des processus intervenant dans la cybernétique cellulaire, c'est-à-dire dans nos conceptions relatives à la régulation génétique. Un monde nouveau, celui des petits ARN non codants, véritables riborégulateurs capables d'agir à tous les niveaux du développement tant dans les règnes animal et végétal, que dans le fonctionnement du système nerveux, ou dans la lutte contre les virus, s'offre à l'exploration et à l'exploitation des biologistes depuis guère plus d'une décennie et demie !

Enfin, dans un dernier temps, nous voudrions répondre à une préoccupation légitime : celle concernant le degré d'application de ces divers travaux au domaine de la médecine contemporaine. Sommes-nous mieux à même de comprendre les mécanismes à l'origine des grandes pathologies humaines, qu'il s'agisse de maladies génétiques, de cancers ou de dysfonctionnements du système nerveux ? Leur diagnostic, mais aussi leur traitement peuvent-ils déjà tirer parti de ces avancées fondamentales, notamment celles à caractère génétique (par exemple, les thérapies géniques) ? Doit-on entrevoir déjà une médecine personnalisée qui s'appuierait sur une connaissance précise des caractéristiques génétiques des personnes et dans quelle mesure est-ce souhaitable ?

Au bout du compte, nous espérons que ces illustrations d'une vision et d'une approche modernes de la biologie donneront au lecteur un aperçu du foisonnement incessant des sciences de la vie et de leur caractère si attachant.

PREMIÈRE PARTIE

Nouveaux regards scientifiques sur les origines du vivant, son évolution et sa diversité

Les scientifiques, notamment les biologistes, se penchent depuis longtemps sur les étapes qui ont jalonné le passage du monde inanimé au monde vivant. Ils tentent, en effet, de caractériser les premières formes de vie et de retracer leur évolution. Des questions comme celles se rapportant à la nature des toutes premières molécules qualifiables de « biologiques », aux premières cellules et premiers organismes apparus sur Terre (et peut-être ailleurs dans l'Univers !), à l'origine de l'énorme diversité des espèces ou encore à l'émergence de l'homme lui-même : toutes ces interrogations les interpellent, mais elles ne cessent aussi d'interpeller le monde non savant ! Dans cette première partie du livre, nous allons évoquer divers aspects de cette étonnante progression de la « molécule » à l'« homme », progression dont il est établi qu'elle s'est étendue sur des milliards d'années, en nous efforçant de montrer, à chaque fois, en quoi la biologie contemporaine nous apporte des éclairages nouveaux et parfois saisissants. Qu'il s'agisse des nouvelles données sur les acides ribonucléiques, ces ARN cousins germains de l'ADN, révélant le rôle sans doute capital qu'ils ont joué à l'aube de la vie, des apports scientifiques récents sur l'étude de l'évolution des êtres vivants, de l'analyse du génome des hommes préhistoriques ou encore des tentatives que nous vaut cette nouvelle discipline appelée « biologie synthétique », les résultats issus de l'exploration du passé par la biologie du temps présent comptent, en effet, parmi les plus marquants et les plus inattendus de la recherche contemporaine.

CHAPITRE I

Aux origines de la vie

Les premières molécules

Les origines de la vie : une question éternelle

Pour les croyants qui s'en tiennent strictement au discours biblique sur la genèse, Dieu est le créateur de l'Univers dans ses dimensions à la fois physiques et biologiques. Ainsi, tout le vivant, de la bactérie à l'homme, est apparu en une seule étape, chaque organisme ou être vivant revêtant, d'emblée ou presque[1], sa forme et son état physiologique définitifs. Selon le récit biblique, le premier homme, Adam, est un être complet, un adulte doué de la parole, et les plantes qui embellissent le jardin d'Éden s'offrent à lui dans toute leur maturité.

Les premiers coups de boutoir, du moins les plus significatifs, portés au concept d'un Univers préfiguré et créé par le Divin il y a quelque 6 000 ans ont été le fait de naturalistes comme Georges-Louis Leclerc, comte de Buffon, pour qui les origines du monde vivant remontent à plusieurs dizaines de milliers d'années

1. En effet, le récit biblique fait dériver Ève, la première femme, d'une côte du premier homme !

(74 000 ans !)[2]. Mais c'est surtout l'école évolutionniste qui s'est opposée à l'idée selon laquelle toutes les espèces auraient été créées à la fois indépendamment et de façon quasi simultanée, introduisant, au contraire, une échelle chronologique extrêmement étendue, permettant à des organismes « ancestraux » de subir un façonnage graduel, conduisant à des espèces de plus en plus diversifiées et évoluées.

Pour certains, comme Jean-Baptiste Lamarck, cette évolution « diversifiante » résulte d'adaptations successives à un environnement qui impose des changements morphologiques ou autres, de tels changements se transmettant de façon héréditaire. Pour d'autres, la diversification des espèces résulte d'une sélection de caractéristiques nouvelles consécutives à des mutations ou à des variations apparues au hasard au sein du matériel héréditaire, caractéristiques ou variations conférant un avantage physiologique dans certains environnements : l'environnement n'est pas tant ici à l'origine directe de la diversité, il en est surtout le révélateur ; une « sélection naturelle » (C. Darwin) s'opère alors, que favorisent la reproduction endogamique et l'isolement géographique des sous-groupes les mieux adaptés.

L'avènement du néodarwinisme consécutif à l'émergence de la génétique (T. H. Morgan) a débouché peu à peu sur l'acceptation quasi générale, par la communauté scientifique, d'une théorie synthétique de l'évolution. Il est désormais admis que des mutations (encore inconnues

---

2. Tel est, en effet, l'âge qu'il assigne à notre planète dans sa publication *Théorie de la Terre*. Il développe ses arguments dans son œuvre majeure, *Histoire naturelle*, commencée en 1749. Attaqué par l'Église et par la Sorbonne, il publie une rétractation dans le quatrième tome de cette œuvre en 1753, mais confie à des amis que, n'ayant pas l'âme d'un martyr et désirant poursuivre ses travaux en paix, il n'a pas eu d'autre choix…

à l'époque de Darwin) sont les éléments de diversification précédant la sélection naturelle et l'apparition de nouvelles espèces.

Mais, si la quasi-instantanéité de l'acte créateur attribuable au divin est désormais remplacée par une lente succession d'événements sélectifs conduisant à la diversité foisonnante des espèces, le problème des origines de la vie, quant à lui, n'en demeurait pas moins entier. D'où viennent, en effet, les toutes premières formes de vie vouées à subir les effets graduels de l'évolution ? Dans une hypothèse d'inspiration « religieuse », quoique distincte du pur créationnisme, Dieu les aurait conçues, sachant qu'elles évolueraient *d'elles-mêmes* (sans son intervention) au sein d'un Univers physique qu'Il aurait par ailleurs déterminé. En revanche, si l'on veut s'en tenir à une attitude strictement scientifique, ne doit-on pas plutôt rechercher l'explication dans *un passage graduel de la matière physico-chimique inanimée à un état doué de certaines des caractéristiques élémentaires du vivant* ?

Retracer ici l'histoire des idées relatives à la définition de ce qui est vivant par rapport à ce qui ne l'est pas demanderait un trop long développement. De nombreuses études y ont été consacrées, chacune d'entre elles s'accordant à dire que « définir la vie » n'est pas chose aisée, même si, intuitivement, nous entrevoyons d'emblée une foule de qualifications qui nous semblent s'imposer, telles que la capacité à se reproduire à l'identique, à métaboliser, à se mouvoir et, même, à communiquer. Dès lors comment et où rechercher des formes, des structures primitives présentant de telles propriétés ? Dans les astéroïdes ? Sur notre planète, à l'état d'objets cachés dans les profondeurs océaniques par exemple ? Toutes ces voies ont été suivies. Nous allons dire quelques mots de ces diverses explorations.

Sommes-nous seuls ? Les apports de l'exobiologie

Sommes-nous seuls, nous autres êtres humains ainsi que toutes les autres espèces vivantes, ou bien la vie est-elle répandue dans tout l'Univers ? La vie (le passage de l'« inanimé » au « biologique ») a-t-elle débuté, sur une autre planète que la nôtre et des formes primitives émanant d'une telle planète ont-elles été véhiculées par des météorites ?

Cette interrogation remonte à des périodes fort anciennes depuis le début de la pensée organisée. On la retrouve, exprimée sous les formes les plus variées, dans les écrits d'Épicure, de Lucrèce, de Giordano Bruno et, plus près de nous, de Fontenelle (l'auteur des *Entretiens sur l'universalité des mondes*) ou encore du physicien Huyghens, du philosophe Kant. Lord Kelvin, vers la fin du XIXe siècle, ainsi que le grand chimiste suédois Svente Arrhémius, au début du XXe siècle, ont été de fervents partisans de l'idée selon laquelle la vie est non seulement présente dans tout l'Univers, mais, en outre, qu'elle a été, en quelque sorte, « ensemencée » sur la Terre à partir d'autres planètes. L'hypothèse de la « panspermie » a d'abord rencontré de multiples oppositions. On a fait valoir qu'aucun organisme vivant ne peut résister aux conditions de température, de pression et de rayonnement qui accompagneraient un passage transplanétaire. Sans aller jusqu'à renforcer l'hypothèse panspermique d'un ensemencement terrestre qui serait venu de l'extérieur, certains scientifiques ne s'en sont pas moins interrogés sur la possible existence de formes vivantes, plus ou moins semblables à celles que nous connaissons, au sein d'autres planètes que la nôtre. Ainsi Francis Crick, le codécouvreur de la double hélice d'ADN, n'hésite-t-il pas à dire que, statistiquement parlant, l'immensité de l'Univers offre une possibilité pour l'apparition et le développement sur d'autres planètes, dans d'autres galaxies, d'êtres doués d'une intelligence égale, voire supérieure, à celle des Terriens que nous sommes. On sait à quel point la science-fiction s'est emparée de cette vision, l'invasion de notre planète par des Martiens plus ou moins bien intentionnés n'étant pas le moindre de ses thèmes favoris.

L'hypothèse de la panspermie a connu une certaine résurgence lorsque l'on a pu montrer que les molécules organiques de base[3], ayant pu servir à la construction des organismes vivants, avaient été retrouvées dans les comètes et dans des météorites qui, depuis sa formation il y a 4,5 milliards d'années, ont bombardé la Terre. Depuis quelques années s'est développée une véritable « exobiologie » s'intéressant aux molécules prébiotiques présentes dans les météorites et qui repose aussi, pour une très large part, sur les observations réalisées par les navettes spatiales mettant à profit les prélèvements d'échantillons issus de planètes extraterrestres.

Dans une première approche, les exobiologistes ont utilisé l'origine de la vie terrestre comme référence et limité leurs recherches à une vie utilisant les ingrédients de base de la vie telle que nous la connaissons sur Terre, à savoir : l'eau et les molécules organiques. Pur anthropocentrisme ? Non. Car le couple eau-chimie du carbone présente des qualités exceptionnelles qui ont été démontrées en laboratoire. Trois filières de production des molécules organiques ont été identifiées : 1. l'atmosphère, 2. les systèmes hydrothermaux sous-marins, 3. l'espace, *via* les

3. Il s'agit de molécules telles que l'ammoniac, l'acide cyanhydrique, l'aldéhyde formique et même des acides aminés ou des sucres.

météorites et les micrométéorites collectées en Antarctique. A. Brack, l'un des grands exobiologistes actuels, écrit à ce sujet : « Des sites extraterrestres, hébergeant ou ayant hébergé à la fois de l'eau à l'état liquide et la chimie du carbone sont explorés tant dans le système solaire (Mars, Europe, Titan, Encelade) qu'au-delà de notre système planétaire avec les quelque quatre cents exoplanètes détectées à ce jour. » (Extrait de la conférence du Bureau des longitudes, 3 février 2010.)

À titre d'exemple, plusieurs types de molécules organiques (y compris des précurseurs de macromolécules présentes aujourd'hui dans toute cellule ou résultant du métabolisme classique) ont ainsi été trouvés dans la météorite Munchinson. Il s'agit, en l'espèce, de 8 acides aminés, de plusieurs acides carboxyliques, d'acétone, d'urée, d'adénine, de guanine, de xanthine, d'hypoxanthine et d'uracile – donc, de certains éléments clés entrant dans la composition des protéines et des acides nucléiques. On a également analysé les micrométéorites dans les glaces de l'Antarctique avec une riche moisson de molécules à peu près similaires. En ce qui concerne les planètes, on a trouvé de l'eau sur Mars. À l'aide de mini-robots, on a découvert des billes d'hématite, puis on a détecté de la glace, des sulfates, des argiles… Le spectromètre Mars-Express a aussi mis en évidence du méthane CH_4 dans l'atmosphère de la Planète rouge. Actuellement, les scientifiques disposent de 50 météorites martiennes qui sont l'objet de recherches intensives. Mais des molécules organiques ont aussi été décelées sous la glace de la planète Europe, voisine de Jupiter. La planète lunaire de Saturne est également étudiée, et on a décelé des geysers de glace et de méthane dans la planète Encelade. Le centre de biophysique moléculaire du CNRS, qui s'intéresse beaucoup aux molécules organiques, précurseur des nucléotides et des acides aminés, pense pouvoir tirer un parti important des données recueillies par la sonde Huygens de l'ESA (Agence spatiale européenne), laquelle a atterri en 2005 sur Titan, un satellite de Jupiter. En effet, en modélisant les échanges entre l'atmosphère et le sol de ce satellite, on peut espérer mieux comprendre ce qui s'est passé sur la Terre primitive (Ter Minassian, 2009). Enfin, plus d'une centaine de molécules organiques ont été mises en évidence dans les milieux interstellaires.

L'ensemble de ces données présente le grand intérêt d'*établir, de façon claire, qu'une assez grande variété de molécules organiques* (dérivées du carbone) ainsi que de l'azote sous forme d'ammoniac, molécules à l'origine de nombreux constituants présents dans les cellules vivantes (tels que des acides aminés et des sucres), voire, dans quelques cas, des métabolites eux-mêmes *ont été détectés au sein de plusieurs planètes du système solaire*. Pour autant, est-on en droit d'en inférer qu'existent, sur ces planètes, des formes de vie organisées, ressemblant par exemple à des bactéries ? Rien n'est moins sûr ! Les recherches se poursuivent toutefois activement. Les deux grandes agences spatiales que sont la NASA et l'ESA envisagent, entre 2011 et 2015, une mission de retour d'échantillons prélevés sur Mars, avant d'y envoyer des hommes (Forget, 2004).

Les premières briques élémentaires de la vie et les hypothèses sur l'environnement ayant présidé à son émergence

Bien avant les débuts de la conquête de l'espace, avant même l'ère de la biologie moderne, de nombreux scientifiques se sont interrogés sur les formes de nature physico-chimique ayant préludé à l'éclosion du monde vivant et ont tenté d'imaginer quelles étaient les conditions atmosphériques ainsi que les habitacles ayant permis son apparition et son foisonnement.

Rappelons que, selon les scénarios généralement admis, l'Univers, issu du Big Bang, se serait formé il y a environ 15 milliards d'années. Notre planète, elle, serait née il y a 4,5 milliards d'années. Enfin, les premières formes de vie seraient apparues environ 1 milliard d'années plus tard. En effet, plusieurs scientifiques, après avoir observé des micro-organismes fossiles dans des sédiments du Pilbara (région d'Australie), ont écrit, en juillet 2008, qu'il y avait déjà de la vie sur Terre il y a 3,5 milliards d'années[4]. *L'atmosphère régnant à l'époque était*

4. Voir les travaux du laboratoire Biocenco (CNRS/université Paris-VI/INRA/Agroparitech/École normale supérieure). Consulter également l'excellent symposium *From Sun to Life* (2006), p. 248. On peut y lire que si, pour certains auteurs (par exemple, M. Van Zuilen) la présence de vie sur Terre peut être établie de façon non ambiguë, il y a 2,7 milliards d'années, par la mise en évidence de microfossiles, pour d'autres, la vie serait encore plus ancienne ! Leur estimation repose sur l'examen d'inclusions dans des graphites présents dans des roches de 3,8 milliards d'années (île d'Akilia et ceinture d'Ismar dans le Groenland) et, surtout, sur la découverte de stromatolithes dans les sédiments du Pilbara datant de 3,5 milliards d'années (Van Kranendonk et Pirajno, 2004). L'examen de prélèvements sédimentaires (par mesures isotopiques) et de microstructures observées dans des coussins basaltiques d'Afrique du Sud fournit des valeurs comprises entre 3,2 et 3,4 milliards d'années.

réductrice[5], l'oxygène ne s'étant accumulé que peu à peu après l'apparition des cyanobactéries photosynthétiques. Avant la mise en œuvre de processus photosynthétiques et de la photolyse de l'eau, l'oxygène demeure à un niveau très bas, du fait de l'activité réductrice des gaz volcaniques. Les premiers micro-organismes sont donc « anaérobies » et leur énergie provient, avant que n'intervienne l'oxygène moléculaire, de transferts d'électrons entre l'hydrogène moléculaire et des « accepteurs » tels que nitrates, sulfates, fer ferrique. Selon certains, les premières formes de vie ressemblent, à des structures pseudo-cellulaires (coccoïdes), formes entourées d'une membrane. Pour de nombreux spécialistes de l'évolution, l'isolement des premières molécules (animées de propriétés pseudo-biotiques) à l'intérieur d'une membrane lipidique aurait constitué un événement majeur dans l'apparition de la vie.

Les hypothèses sur les origines de la vie et sur la nature des toutes premières formes qui ont dû apparaître avant celles que revêt le monde vivant aujourd'hui ont foisonné à partir de la fin du XIXe siècle. Elles ont suscité, à maintes reprises, des affrontements parfois très vifs où se retrouve l'opposition entre les tenants du matérialisme et les adeptes de conceptions religieuses. Il serait vain d'en donner un relevé exhaustif, tant les illustrations en ont été nombreuses.

Longtemps a prédominé, suite aux travaux et réflexions du grand chimiste écossais Thomas Graham au XIXe siècle – l'auteur des lois sur la diffusion des gaz dans les milieux poreux –, l'idée que le vivant est un colloïde, une sorte de gel plus ou moins déformable et que les

5. Elle était composée pour l'essentiel d'hydrogène et d'hélium (ce gaz étant retrouvé aujourd'hui à l'état de traces). La Terre a subi par la suite, un véritable dégazage. Des sources de carbone se sont trouvées disponibles telles que CO_2, CO ou encore CH_4 (méthane).

premières formes de vie ont donc été des structures colloïdales. Mais c'est surtout le naturaliste allemand Ernst Haeckel, dans *Histoire de la création des êtres organisés d'après les lois naturelles* (1868), qui a tenté de retracer les étapes de l'évolution depuis les formes élémentaires de la vie, apparues selon lui par génération spontanée. Pour Haeckel, les formes prébiotiques sont des assemblages auto-organisés de matière organique formée à partir du monde minéral. Cette hypothèse qui, on le voit, remonte à plus d'un siècle et demi (et qui est donc remarquable pour son caractère visionnaire), a marqué un véritable tournant dans les conceptions scientifiques relatives à l'émergence de vie. À partir de la période marquée par les hypothèses haeckeliennes, la science va s'efforcer de comprendre *comment* se sont effectués ces assemblages biotiques à partir du monde minéral, puis du monde organique (représentatif de la chimie du carbone), le problème qui se pose désormais étant *de déterminer la nature des premiers précurseurs des constituants observés aujourd'hui dans les cellules*.

Dans les premières décennies du XXe siècle, tandis que l'enzymologie et, avec elle, la biologie énergétique (glycolyse, fermentations, respiration) s'imposent avec force, les biologistes commencent donc à se préoccuper des « précurseurs » proprement dits des macromolécules aujourd'hui présentes dans toute cellule (protéines, acides nucléiques, sucres...) et des conditions environnementales qui régnaient sur Terre lorsque se sont formés les premiers biopolymères. L'une des questions majeures qui se posent à l'imagination des scientifiques, et qui interpellent la curiosité générale, concerne, d'une part, la localisation des premières formes de vie sur la planète Terre, en termes de milieu géophysique – océans, mers fermées, sols argileux, proximités volcaniques, etc. – et, d'autre part, la nature des sources d'énergie nécessaire aux premières synthèses. Le chimiste et biochimiste russe A. Oparin, dans les années 1920, commence à évoquer des organismes primitifs tirant leur énergie de réactions chimiques et, de là, s'intéresse, c'est l'un des premiers, aux propriétés du milieu susceptibles d'apporter cette énergie. Il privilégie le rôle des océans comme berceau physique et nourricier. On lui doit le terme imagé de « soupe primitive », environnement minéral, riche en phosphates, et on a même considéré, quelque temps, que les polyphosphates capables de former de longs enchaînements et de libérer de l'énergie par hydrolyse partielle auraient été des molécules clés à l'ère prébiotique. J. B. S. Haldane va avancer des hypothèses assez proches, en apportant des propositions complémentaires, tel le caractère anaérobie de l'atmosphère primitive, l'abondance du gaz carbonique et la formation d'ammoniac à partir de l'eau et des minéraux. Surtout, *il sera l'un des premiers à insister sur le rôle du rayonnement ultraviolet dans les processus de synthèse abiotique – rayonnement particulièrement intense dû à l'absence de la couche d'ozone.* Ses idées préfigurent, d'une certaine façon, les expériences saisissantes de l'Américain Stanley Miller.

Dans les débuts des années 1950, le biochimiste Miller entreprend, en effet, de soumettre à l'action des ultraviolets, pendant quelques heures, un mélange renfermant de l'ammoniac, du méthane, de l'hydrogène moléculaire (H_2) et de l'eau. Il fait l'hypothèse que ce mélange ressemble à l'atmosphère primitive entourant la Terre après son refroidissement. Il peut alors mettre en évidence, parmi les composés résultant de ce traitement, la présence d'acides aminés, d'acide formique et de certaines bases intervenant dans la composition des acides nucléiques. Ces expériences ont un profond retentissement. Elles marquent le début des tentatives modernes visant à la synthèse abiotique des précurseurs de macromolécules. Une décennie plus tard, dans les années 1960, d'autres auteurs s'inspirant de la même démarche expérimentale (G. Ourisson et son équipe) parviendront à synthétiser de l'adénine à partir d'acide cyanhydrique et d'ammoniac. Puis, ce sera le tour de bases pyrimidiques et de sucres.

Un grand pas a donc été franchi quant à l'explication plausible de la genèse des unités élémentaires dont sont constituées aujourd'hui les macromolécules princeps de nos cellules, puisque, à partir de simples mélanges gazeux et d'eau, avec une source d'énergie appropriée, on peut fabriquer des acides aminés (sous-unités des protéines), des bases (présentes dans les sous-unités des acides nucléiques, comme l'ADN ou l'ARN) et des sucres. Si on se souvient que semblables précurseurs élémentaires des macromolécules cellulaires ont été décelés dans des météorites, il n'est pas déraisonnable d'en conclure que les tout premiers chaînons biochimiques de la vie cellulaire telle que nous la connaissons aujourd'hui sur Terre *ont pu à la fois être apportés de l'extérieur et se former* de novo *sur notre propre planète.*

Les recherches des biologistes contemporains : l'ordre d'apparition des macromolécules (cellulaires)

Mais quel scénario est-on conduit à imaginer, dès lors, pour décrire l'apparition des premières macromolécules biologiques elles-mêmes ? Comment se sont assemblées les sous-unités qui les constituent puisque, en cette ère prébiotique, il eût été vain de faire appel à des enzymes de biosynthèse telles que des polymérases ? Plus généralement, les biologistes aimeraient comprendre *dans quel ordre* les grands polymères biologiques, aujourd'hui responsables de la physiologie cellulaire – protéines, ADN, ARN... – *se sont « succédé »* sur Terre.

Longtemps, la balance a penché en faveur des protéines. L'hypothèse selon laquelle les premiers polymères biologiques auraient été des protéines était tentante : les protéines constituent, dans le monde tel que nous le connaissons aujourd'hui, les « artisans moléculaires » du fonctionnement cellulaire. À cette famille de molécules appartiennent, en effet, les enzymes, les anticorps, une multitude d'hormones, de neuropeptides, les facteurs de signalisation mettant en relation la cellule et son milieu ainsi que les récepteurs correspondants, sans compter que les protéines (du moins certaines catégories d'entre elles) interviennent en tant que constituants d'organelles cellulaires, de membranes, etc. et jouent donc un rôle dans l'« armature » du vivant.

Or les chimistes étaient capables précisément de reproduire, par exemple au contact de supports argileux jouant le rôle de matrices artificielles, la polymérisation spontanée de plusieurs acides aminés pour former des enchaînements appelés « polypeptides », assimilables en première approximation à de courtes protéines, quoique moins complexes que ces dernières en ce qui concerne leur configuration dans l'espace. Aussi a-t-on imaginé pendant quelque temps que de tels assemblages polypeptidiques auraient pu se produire à l'ère prébiotique et qu'ils se seraient en quelque sorte « complexifiés » pour former des protéines de plus en plus aptes à catalyser les fonctions cellulaires telles que nous les connaissons.

Pourtant, peu à peu, surtout après les travaux de Watson et Crick, les découvreurs de la double hélice d'ADN, et après l'essor premier de la biologie moléculaire, l'attention des biologistes va se focaliser sur l'ADN, support chimique de l'hérédité, constituant majeur des chromosomes et, donc, candidat idéal pour le rôle de molécule « première », véritable chef d'orchestre de la vie cellulaire, aux origines de la vie.

Nous sommes alors à la fin des années 1950. La biologie moléculaire accumule les découvertes telles que le déchiffrage du code génétique de l'ADN, l'élucidation des mécanismes de réplication (c'est-à-dire de reproduction d'un ADN en double hélice à chaque division cellulaire), les mécanismes d'*expression* des gènes, c'est-à-dire, au plan biochimique, le copiage, ou *transcription*, de l'ADN en un ARN messager et la *traduction* de cet ARN messager en protéine. Cette séquence d'événements (ADN → ARN → protéine) est considérée par les scientifiques de l'époque, comme symbolisant le *dogme central de la biologie moléculaire* ainsi qu'ils se plaisent à la qualifier (un peu comme la fameuse équation d'Einstein, $E = mc^2$, pour les physiciens). Aussi, rien d'étonnant à ce que les biologistes s'intéressant aux événements prébiotiques soient alors enclins à imaginer qu'un scénario identique à celui du transfert de l'information génétique, voisin de celui du dogme central, ait pu se dérouler dans les débuts de la vie. *L'hypothèse de l'ADN apparaissant le premier dans la chaîne de montage du vivant avait vraiment de quoi séduire !* Et pourtant, peu à peu, à mesure que progressent nos connaissances sur le rôle, la diversité chimique et fonctionnelle des ARN (assimilables jusqu'alors à de simples copies de l'ADN), *l'hypothèse de l'« ADN premier » va être remise en question. C'est, en effet, l'ARN qui est considéré aujourd'hui comme représentant le tout premier chaînon moléculaire à partir duquel toute vie mono- et pluricellulaire se serait organisée il y a des milliards d'années.* Comment expliquer un tel revirement ?

L'ARN,
premier polymère à l'ère prébiotique

Un faisceau d'arguments, découlant, pour nombre d'entre eux, d'expériences récentes, conduit aujourd'hui les biologistes à privilégier l'hypothèse selon laquelle les tout premiers polymères ayant présenté des propriétés caractéristiques du monde biologique, tel qu'il se présente à nous aujourd'hui, ont été des ARN.

Un premier argument, certes indirect, a été mis en avant vers la fin des années 1950 par Francis Crick, sans doute l'un des biologistes moléculaires parmi les plus imaginatifs et les plus féconds. À l'époque, on vient d'établir qu'à côté des ARN dont on connaît la présence au sein des « ribosomes » (ces corpuscules qui existent en abondance dans toute cellule et à la surface desquels a lieu la synthèse des protéines) existe une catégorie très particulière de petits ARN, appelés ARN de transfert (t-ARN) qui jouent un rôle clé dans le déchiffrage du code génétique (encadré 1). Or l'étude cristallographique de ces t-ARN et l'examen des modèles qui en dérivent conduisent à leur attribuer une configuration dans l'espace, c'est-à-dire une « structure tridimensionnelle », relativement complexe[6].

Crick va alors insister le premier sur l'existence d'une certaine analogie entre la structure des ARN de transfert, avec leurs multiples repliements dans l'espace, et celle qu'adoptent en général les protéines, lesquelles possèdent de nombreuses capacités d'interactions (soit avec d'autres

6. Équivalente, en l'occurrence, à celle d'une feuille de trèfle plus ou moins repliée sur elle-même.

macromolécules, soit avec des substrats). *De là à imaginer que, dans certaines conditions, les ARN sont susceptibles de se comporter comme des protéines et, plus précisément, comme des enzymes pouvant catalyser diverses fonctions cellulaires, la tentation est grande.* Pourtant, jusque vers le milieu des années 1960, l'idée que l'ARN ait pu « précéder » l'ADN au cours de l'évolution est loin de s'imposer. Les biologistes moléculaires demeurent attachés à leur fameux dogme central. Ils sont convaincus que le transfert de l'information génétique, que symbolise la séquence ADN → ARN → protéine, implique, entre autres conséquences, que le flux d'informations ne peut s'écouler *que* dans une seule direction possible, celle de l'ADN vers l'ARN, avant l'étape de synthèse protéique : l'information génétique ne peut emprunter, dans son expression, une direction opposée.

Une certaine remise en cause du « dogme central » de la biologie moléculaire : la rétrotranscription

La découverte réalisée par H. Temin et D. Baltimore dans le milieu des années 1960 va sensiblement remettre en cause le caractère général du « dogme central », sinon dans le monde cellulaire, du moins chez certains virus. Ces auteurs établissent, en effet, que, chez les virus dont l'ARN est le constituant génomique, tels que les rétrovirus – groupe auquel appartient, par exemple, le virus du sida –, *c'est l'ARN qui est copié en ADN* au cours de l'infection, sous l'influence d'enzymes virales, les « transcriptases inverses » (bien nommées en l'occurrence !). L'ADN, copie de l'ARN viral ou d'une portion de cet ARN, est alors incorporé dans le génome de l'hôte infecté.

Dès lors, il paraît plausible qu'à l'image de ce que l'on observe aujourd'hui chez les rétrovirus, l'ARN, aux stades initiaux de la vie cellulaire, ait pu se comporter comme la première molécule « informative », comme le « premier donneur d'ordre » et précéder l'ADN. Encore faut-il imaginer que le mécanisme de la transition ARN → ADN puisse emprunter, à cette période prébiotique, une autre voie que celle catalysée aujourd'hui par les transcriptases inverses, à moins de supposer que l'apparition des protéines ait suivi de peu celle de l'ARN ou encore (comme nous le verrons ci-après) que *l'ARN soit lui-même doté de la faculté de catalyser directement certaines réactions biochimiques en l'absence de protéines*[7]. Cette dernière possibilité, celle d'ARN doués de propriétés enzymatiques, allait trouver une vérification éclatante avec la découverte des *ribozymes* (T. Cech *et al.*) et renforcer considérablement l'idée selon laquelle le monde de l'ARN a précédé celui des autres macromolécules biologiques.

Qu'entend-on par « ribozymes » ? Il s'agit de molécules d'ARN existant à l'état naturel dans nos cellules (ou que l'on peut produire chimiquement sous la forme d'oligonucléotides de synthèse) capables, en présence de certains métaux comme seuls cofacteurs, de catalyser des réactions biochimiques, comme le feraient des enzymes traditionnelles. Un ARN présentant ces propriétés peut, par exemple, autoexciser une partie de sa propre séquence chimique, comme cela a pu être démontré pour la première fois au cours du processus connu sous

---

7. La découverte de la rétrotranscription (ARN → ADN) telle qu'observée dans une catégorie particulière de virus pouvait susciter, incidemment, un autre type d'interrogation : l'existence des virus aurait-elle précédé celle des cellules ? Pour certains biologistes, cette hypothèse est sans fondement dans la mesure où les virus ne peuvent se reproduire que dans les cellules leur servant d'hôtes. Pour d'autres, rien n'interdit de penser qu'il en fut autrement à l'ère prébiotique. L'existence des ribozymes peut illustrer le fait que certains ARN sont sans doute capables de se répliquer directement.

le nom d'*épissage*, (en anglais, *splicing* ; voir encadré 1). Il peut également induire des clivages de liaisons chimiques au sein *d'autres* molécules d'ARN. Il est sans doute capable de catalyser des réactions biochimiques plus complexes encore, comme le suggèrent les travaux d'Ada Yonath (encadré 1).

Encadré 1
Les mécanismes d'épissage des transcrits ARN

Ouvrons une parenthèse pour rappeler cet étrange et inattendu phénomène appelé « épissage » découvert dans les années 1977 et qui a bouleversé toutes les conceptions relatives à l'organisation des gènes dans le monde des eucaryotes (les organismes supérieurs). On se représentait jusqu'alors les gènes comme des segments d'ADN continus, de longueur variable, mais d'un seul tenant, comprenant dans leur séquence une « information » transposable par copiage en ARN messagers, puis en protéines.

À la surprise générale, P. Sharp et R. Roberts démontrent que, si ce schéma s'applique parfaitement aux organismes bactériens, tel n'est pas le cas des organismes supérieurs ! En bref, ces chercheurs établissent que, chez ces derniers, dans la majorité des cas, les gènes sont des « mosaïques » faites de segments d'ADN codants (appelés « exons ») de longueur variable, séparés par des segments d'ADN non codants (appelés « introns »), éléments introduisant par conséquent une discontinuité dans la séquence globale de l'unité de codage.

Dès lors, chez les organismes supérieurs (animaux, plantes, etc.), pour qu'un gène puisse servir d'élément de codage pour une protéine, la chaîne d'ARN résultant de son recopiage (transcription) doit subir d'importants remaniements. Les portions de cet ARN intermédiaire (ou transcrit) qui correspondent aux introns non codants doivent être éliminées au sein du noyau cellulaire, celles correspondant aux exons étant « rassemblées » pour reconstituer un ARN messager continu et fonctionnel. À ce processus de « coupure et réunion » qui n'est pas sans rappeler une opération de « couper-coller », les biologistes ont donné le nom d'« épissage ». L'épissage doit s'effectuer sans la moindre erreur « à un nucléotide près ».

Dans la plupart des cas, les opérations d'épissage sont catalysées par des particules spéciales, les « spliceosomes » (du mot anglais *splicing*, « épissage »). Ces particules sont elles-mêmes des ensembles composites incluant des protéines de clivage et de petits ARN. Or, et c'est là le point important pour notre propos, T. Cech et ses collaborateurs décrivent en 1981 un cas tout à fait singulier : ils observent que l'épissage d'un transcrit (prémessager) d'une algue (*T. gelii*) peut se réaliser sans mettre en jeu ni spliceosome ni protéine d'aucune sorte ! *Ce phénomène établit, pour la première fois, de façon expérimentale que, placé dans certaines conditions, l'ARN peut manifester des propriétés enzymatiques à l'image de ce que, de longue date, on savait des protéines !*

Encore s'agissait-il, dans le cas présent, d'un processus d'auto-excision. Restait à vérifier dans quelle mesure certains ARN peuvent catalyser des réarrangements moléculaires sur des molécules « distinctes », à la manière dont une enzyme entraîne des modifications au niveau d'un substrat. Or on a pu établir précisément, un peu plus tard, que certains ARN sont capables de catalyser des clivages au sein d'autres molécules d'ARN, se comportant en tous points ainsi comme des enzymes véritables. Le terme de « ribozyme » a justement été introduit pour désigner les ARN doués de ces propriétés pseudo-enzymatiques (1986). Il n'est pas jusqu'au ribosome, un organelle composé d'une longue chaîne d'ARN et d'une multitude de protéines de structure, présent dans toute cellule et au contact duquel s'accomplit la « traduction » des ARN messagers en protéines, dont on n'ait pu montrer (voir les travaux de Ada Yonath, récent prix Nobel) qu'il fonctionnait comme un véritable ribozyme.

L'existence des ribozymes a incité de nombreux biologistes à proposer que les premiers polymères biologiques apparus sur Terre soient des molécules d'ARN capables d'autoremaniements. Celles-ci auraient acquis peu à peu des fonctions multiples, leur permettant d'agir à la fois comme matrices (pour la production d'autres ARN, puis pour la synthèse d'ADN et de protéines) et comme agents catalytiques activant toutes sortes de réactions chimiques.

Ainsi les ARN se présentent-ils aujourd'hui comme appartenant à un monde presque aussi complexe et aux fonctions presque aussi étendues que celui des protéines considérées jusqu'ici comme les seuls et véritables artisans des diverses fonctions cellulaires. Leur « multifonctionnalité » s'avère de plus en plus patente à mesure que s'accumulent les données concernant, par exemple, leur rôle en tant qu'agents régulateurs dans un très grand nombre de processus cellulaires, notamment au cours du fonctionnement des gènes. *Un chapitre particulier sera précisément consacré à la découverte de ces riborégulateurs* et au concept relatif à l'existence d'un *nouveau monde biologique*, celui des « petits ARN non codants ». Car c'est là une véritable révolution en biologie moléculaire !

Aujourd'hui, un grand nombre de scientifiques semble *donc* acquis à l'idée que l'ère prébiotique aurait été marquée par la primauté moléculaire de l'ARN. Toutefois, si cette hypothèse est généralement bien reçue, force est de reconnaître qu'elle comporte (encore) certaines difficultés. Une première interrogation concerne la formation des sous-unités de l'ARN, proprement dites, c'est-à-dire des nucléotides. Comment sont-ils apparus ? Sans doute à partir de molécules organiques plus simples, existant dans la « soupe primitive ». Or la synthèse du ribose, le sucre de constitution du maillon nucléotidique, à partir de l'aldéhyde formique soulève, aux yeux des chimistes, certaines difficultés théoriques. Il en va de même pour la formation de la liaison base-ribose (notamment dans le cas des bases pyrimidiques). Autre inconnue, autre difficulté : comment se sont réalisées les réactions de polymérisation conduisant des ribonucléotides aux ARN ? Quels types d'activations chimiques ont été mis en jeu pour que les maillons de l'ARN se lient les uns aux autres par des liaisons phosphodiesters sans recourir aux enzymes ?

Telle est la raison pour laquelle même les partisans les plus en faveur d'un monde prébiotique, où l'ARN aurait constitué le premier biopolymère significatif, admettent que ce monde a *probablement été précédé à son tour par un autre où figuraient certaines molécules organiques, sans doute des peptides non codés génétiquement, lesquels auraient joué le rôle de catalyseurs.* D'autres chercheurs vont encore plus loin (Nielsen *et al.*) : ils postulent l'existence de molécules primitives, apparues *avant les ribonucléotides actuels*, formées par l'assemblage direct d'une base (purine ou pyrimidine) et d'un squelette polyamidiques. De tels composés manifestent, en effet, des propriétés remarquables, comme l'aptitude à former des doubles hélices stables avec l'ARN ou l'ADN.

En somme, et bien qu'il semble avoir joué très tôt au cours de l'ère prébiotique, un rôle primordial, le monde de l'ARN aurait lui-même pris la suite d'un autre monde composé de molécules organiques distinctes, douées du pouvoir de réplication et de la capacité de transmettre une forme « primitive » d'informations. Certains, comme Cairns-Smith, parlent à ce sujet d'un scénario de « dominance évolutive » (*take over*) au cours duquel le monde de l'ARN se serait définitivement imposé, avant que ne se forment des protéines douées à leur tour de propriétés catalytiques – d'ailleurs, beaucoup plus efficaces et beaucoup plus spécifiques – ainsi que de l'ADN, plus propice que l'ARN au stockage de l'information génétique (Cairns-Smith, 1982 ; voir aussi ci-après). François Jacob a une conception assez voisine de celle développée par Cairns-Smith, lorsqu'il avance la théorie dite du « bricolage évolutif » selon laquelle l'univers biologique évoluerait en fabriquant de nouveaux matériaux aux capacités de plus en plus performantes, à partir de matériaux plus anciens.

L'hypothèse de ce « monde de l'ARN » sur laquelle nous reviendrons de façon plus complète (voir chapitre VIII) a été exposée pour la première fois de façon explicite par Joyce et Orgel (Joyce et Orgel, 1999). Pour ces auteurs, elle comporte deux volets :

– Au cours d'une certaine période de l'évolution, la transmission de l'« information moléculaire » (prélude à la continuité génétique) repose sur la reproduction (réplication) de l'ARN, processus qui fait intervenir, comme c'est le cas aujourd'hui pour la réplication de l'ADN, des appariements entre paires de bases (type Watson-Crick).

– Les premiers processus de catalyse sont alors réalisés par des ribozymes ou par des peptides non codés génétiquement. La plausibilité du modèle est renforcée par une série d'expériences biochimiques montrant qu'à partir de mononucléotides sous une forme activée, on peut obtenir des polymérisations en d'assez longues chaînes d'oligonucléotides sans le recours à l'action des enzymes (Inoue et Orgel, 1983 ; Hill, Orgel et Wu, 1993). Ces polymérisations ont dû, en toute vraisemblance, se produire à la surface de supports minéraux servant de matrices adsorbantes et de catalyseurs.

Un autre argument en faveur d'un monde de l'ARN qui aurait précédé celui de l'ADN (aujourd'hui support chimique des propriétés héréditaires) provient, comme nous le développerons ci-après, de la simplicité métabolique qui caractérise la transition entre sous-unités chimiques de l'ARN et sous-unités chimiques de l'ADN. En effet, une seule et unique enzyme, la ribonucléotide réductase, suffit pour produire les sous-unités de l'ADN – les déoxyribonucléotides – à partir de celles de l'ARN.

L'ADN et les protéines

Si l'on veut bien admettre que les premières molécules capables de détenir et de transmettre une information ont été des ARN, il n'en demeure pas moins que ces polyribonucléotides ne sont pas, en eux-mêmes, d'une grande stabilité chimique. L'apparition de l'ADN, qui aurait fait suite à celle des ARN, aurait permis de stocker l'information moléculaire dans une structure plus stable (surtout lorsque la chaîne d'ADN est appariée à une autre pour constituer une hélice double). En outre, les molécules d'ADN représentent, dans la majorité des cas, des polymères beaucoup plus longs que les ARN. Elles sont donc dotées d'un contenu informatif très supérieur à celui de ces derniers.

Dès lors, comment s'est opérée la transition ARN-ADN ? Certes, là comme ailleurs, on ne peut qu'avancer des hypothèses. Nous avons vu que l'ARN pouvait subir un copiage, par rétrotranscription, en ADN. Mais les transcriptases inverses étant des enzymes, comment imaginer un tel scénario dans un monde dont on suppose qu'il ne comportait pas encore de protéines ? La complexité des réactions enzymatiques intervenant dans la synthèse des composants de l'ADN est, en effet, hors de portée des ARN catalytiques les plus performants. *D'une manière ou d'une autre, on est conduit à penser que les protéines sont apparues tôt après les ARN.* S'il en est ainsi, force est d'admettre que l'ADN aurait été la dernière des trois macromolécules informationnelles du vivant à se former aux premiers âges de la vie. Une chose paraît certaine : il a bien fallu que les ribonucléotides – maillons précurseurs de l'ARN – soient convertis, à une phase ou à une autre, en désoxynucléotides, précurseurs d'ADN. Cette conversion implique une réduction du sucre constitutif présent dans les sous-unités de l'ARN, à savoir la ribose. Ce rôle est assuré aujourd'hui par une enzyme aux propriétés tout à fait remarquables : la ribonucléotide réductase. La ribonucléotide réductase aurait donc constitué le trait d'union essentiel entre le « monde à ARN » et le « monde à ADN » et divers chercheurs vont jusqu'à postuler que, pour cette raison, elle fut peut-être l'une des toutes premières protéines à apparaître quand ont été organisées les premières cellules vivantes.

On le voit, bien des questions continuent à se poser, bien des scénarios ont été évoqués concernant l'enchaînement des événements moléculaires qui ont jalonné le passage de l'ère prébiotique à la vie cellulaire et, en particulier, à celle que nous connaissons aujourd'hui. Tout cela dans le contexte de la sélection naturelle. Par exemple, comment s'est établi le code génétique, langage cellulaire universel ? Pourquoi observons-nous aujourd'hui un code à triplets, enchaînements de trois bases d'ADN, comportant 64 combinaisons pour 20 aminoacides[8] ? Plus généralement, comment se sont élaborés les ensembles qui concourent aujourd'hui à la réplication de l'ADN et au transfert de l'information génétique pour aboutir à la formation des protéines, des organites cellulaires, des réseaux métaboliques intégrés ? Enfin, comment se présentait le premier organisme cellulaire, ancêtre commun à toutes les autres formes de vie, ce précurseur qui, faute de

8. On connaît aujourd'hui le rôle des ARN de transfert et des aminoacyles-ARN synthétases dans la « reconnaissance » entre triplets spécifiques et aminoacides. Mais en a-t-il toujours été ainsi ? Existait-il un code simplifié fondé sur une reconnaissance structurelle « directe » de telle ou telle base nucléique par tel ou tel aminoacide ?

mieux, a été baptisé LUCA (Last Universal Common Ancestor) ?

Certaines des questions et certains des éclairages possibles seront analysés dans les chapitres suivants consacrés à la biodiversité et aux mécanismes de l'évolution. Pour autant, nous ne tenterons point d'approfondir ces diverses situations qui demanderaient un très long développement. De nombreuses recherches y ont été consacrées et de nombreux schémas explicatifs avancés. Par définition, il est toujours hasardeux, encore qu'exaltant, de démêler ainsi l'écheveau du passé. Comme nous le verrons par la suite, la biologie de synthèse, dont l'objectif le plus audacieux est de créer chimiquement des assemblages moléculaires s'apparentant à des cellules vivantes, contribuera peut-être un jour, sinon à apporter des réponses à ces questions sur l'origine de la vie, du moins à fournir des éclairages d'un intérêt scientifique, mais aussi philosophique considérable.

CHAPITRE II

Les premiers organismes

Biologie et classifications du vivant

Un nouveau règne du vivant : les archébactéries

Nous avons abondamment discuté de la nature présumée des premiers assemblages moléculaires apparus aux origines de la vie et rappelé qu'il existe un consensus plus ou moins grand en faveur de l'hypothèse d'un premier monde à ARN, suivi sans doute par le monde des protéines, puis de l'ADN. La question qui se pose à ce stade concernant le déroulement des événements à l'ère prébiotique est, à l'évidence : *comment se présentaient les toutes premières formes vivantes aptes à se reproduire à l'identique et à tirer l'énergie de leur environnement grâce à leur métabolisme* ? S'agissait-il de micro-organismes ou de virus ?

Les virus représentent en effet (P. Forterre) une deuxième forme biologique présente sur notre planète et leur interaction conflictuelle avec le monde cellulaire a été, et demeure, une « force majeure » dans l'évolution. Toutefois, jusque vers le milieu des années 1970, l'idée a prévalu que les premières formes de vie étaient cellulaires et n'étaient autres que certaines bactéries[1], c'est-à-dire des micro-organismes dépourvus de noyau véritable dont le matériel génétique est constitué par une unique molécule d'ADN en contact pratiquement direct avec les constituants du cytoplasme. À ces organismes dits « procaryotes », doués de très puissantes activités de reproduction et d'adaptation à l'environnement, auraient succédé, longtemps après, les premiers organismes « eucaryotes », c'est-à-dire ceux dont l'ADN est entouré d'un noyau – par exemple, les levures, les protozoaires, etc. Les organismes pluricellulaires seraient apparus par la suite.

Mais un phénomène étonnant se serait produit après l'apparition des premiers eucaryotes monocellulaires : l'*endosymbiose*. Certaines bactéries, proies fréquentes des premières cellules animales et végétales, auraient adopté à l'intérieur de ces grandes cellules eucaryotes un état « symbiotique ». Tout porte à croire, en effet, que les principales organelles intervenant dans la production d'énergie chez les formes eucaryotes, c'est-à-dire les *mitochondries*[2], *sont d'anciennes bactéries adaptées à l'habitacle interne des cellules d'organismes supérieurs*. Même raisonnement pour les chloroplastes, sites de la photosynthèse chez les végétaux supérieurs : leur génome aurait vu peu à peu se réduire sa complexité pour ne conserver que les gènes ayant désormais une activité ancillaire (respiration, photosynthèse). Les études génomiques récentes sont en plein accord avec ce schéma.

---

1. Il est intéressant de rappeler à ce sujet l'existence de nanobactéries (de tailles comprises entre 20 et 100 nanomètres), donc inférieures en dimensions aux bactéries « actuelles » (dont la plus petite atteint déjà 200 nanomètres !). Elles semblent constituer, en effet, « le plus petit assemblage de macromolécules capable de vivre » (Malaterre, 2010), c'est-à-dire capable de s'assembler en structures organisées autoreproductibles.

2. Il s'agit de petits corpuscules cellulaires en forme de bâtonnets responsables des transferts d'électrons liés à la respiration, tant dans le règne animal que dans le règne végétal, ainsi que des *chloroplastes*, sièges de la photosynthèse.

Ainsi, jusqu'à un passé récent, la plupart des taxonomistes étaient d'accord sur l'existence de cinq grands règnes principaux : les animaux, les plantes, les champignons, les protistes et les bactéries, et ils imaginaient de nombreux systèmes de filiation chronologique entre ces règnes. Or l'utilisation des marqueurs moléculaires et les comparaisons génétiques ont conduit non seulement à des révisions importantes de cette classification, mais également à mettre en lumière, au sein des micro-organismes, *un règne jusque-là inconnu : celui des archébactéries.*

Carl Woese : un jeune homme décidé et une nouvelle classification du vivant

Vers la fin des années 1960, un beau matin après la publication de mes propres travaux sur l'ARN messager, j'accueille au laboratoire un étrange postdoc américain du nom de Carl Woese, boursier d'une fondation de la Bell Telephon Company. Je vois arriver un jeune homme brun d'allure décidée, de taille moyenne, quoique de corpulence athlétique, qui me demande s'il peut se mettre immédiatement à la tâche !

Comme je m'efforce d'en apprendre un peu plus sur ce qui l'a incité à choisir mon laboratoire pour un stage postdoctoral, il m'explique qu'il a lu certains de mes articles scientifiques et qu'il s'intéresse aux ARN d'une manière générale. Il a plutôt une formation de physicochimiste et peu d'expérience de la biologie proprement dite. Je lui confie le soin d'établir, avec précision, la durée de vie métabolique des ARN messagers chez *E. coli*, en utilisant divers inhibiteurs de la transcription. Il insiste pour commencer dès l'après-midi… Les recherches progressent assez vite. Carl fait merveille, s'initiant peu à peu à la biologie moléculaire. Nous publions deux articles[3] puis, plusieurs mois après sa venue à l'Institut Pasteur, il retourne aux États-Unis. Nous demeurons quelque temps en contact, puis nos échanges s'espacent.

Plus de vingt ans après son bref stage postdoctoral, Carl Woese allait faire une des plus fracassantes découvertes dans le domaine des relations évolutives entre espèces, autant que dans celui de la biodiversité des micro-organismes. Comparant la séquence des gènes responsables de la formation de l'ARN 16-S[4], *il parvient à établir une toute nouvelle classification entre les espèces vivantes.* Contrairement aux idées alors admises concernant l'existence de cinq règnes vivants (plantes, animaux, champignons, protistes et bactéries), ses études moléculaires débouchent sur une distribution *en trois grands règnes seulement* :

1. Les *eucaryotes*, c'est-à-dire l'ensemble des organismes vivants, unicellulaires ou pluricellulaires, comprenant un noyau renfermant le matériel génétique.

2. Les *bactéries*.

3. Et… un nouvel ensemble qui avait jusqu'alors échappé à l'attention des taxonomistes : les *archébactéries* – plus tard, dénommées « archées » – qui, par certaines de leurs propriétés, s'apparentent aux bactéries et par d'autres aux eucaryotes[5].

---

3. Concernant le taux moyen de renouvellement des ARN messagers chez *E. coli*.

4. ARN présent dans la plus petite des deux sous-unités du ribosome parmi un ensemble d'organismes tels que bactéries, protozoaires, certains organismes supérieurs, etc.

5. Avant d'en venir à la description des archées, on est en droit de se demander, au plan épistémologique, pourquoi avoir choisi le gène de l'ARN 16-S dans cette vaste étude comparative du vivant. La raison en est que l'on a affaire ici à un composé moléculaire universel. Toute cellule, de la bactérie à la cellule humaine, renferme des ribosomes, ces petits organites au niveau desquels se déroule la synthèse des protéines. Ce caractère d'universalité est partagé, il est

Le socle commun des trois règnes du vivant : le dernier ancêtre commun non identifié

Carl Woese et d'autres spécialistes de l'évolution ont été conduits à penser que le règne des archées représente un rameau *indépendant* des autres. Plus précisément, l'idée qui prévaut aujourd'hui est que *les trois règnes (archébactéries, eubactéries et eucaryotes) dérivent, « indépendamment », d'un ancêtre commun, inconnu à ce jour (baptisé* LUCA*)*[6]. Ils ne sont donc pas en filiation directe l'un par rapport à l'autre. Mais qu'est-on aujourd'hui à même de dire quant à la nature de cet « ancêtre », commun aux trois grands embranchements du vivant ?

Cet ancêtre hypothétique – Woese parle ici de « domaines » du vivant – a reçu des appellations différentes : Last Common Ancestor ou LCA ; Last Universal (ou Unidentified) Common Ancestor (« dernier ancêtre commun universel, ou non identifié ») ou LUCA (For-

---

vrai, avec d'autres molécules servant de marqueurs telles que certaines protéines (par exemple, le cytochrome C qui a longtemps servi à établir des comparaisons moléculaires chez les eucaryotes). Toutefois, les marqueurs en question comportent généralement trop de différences d'un phylum à l'autre, alors que la composition de l'ARN 16 est assez constante. Pour autant, le gène qui gouverne sa synthèse est porteur de quelques milliers de petites variations, ce qui permet des comparaisons faciles sur une grande distance évolutive. Notons que, chez les eucaryotes, l'ARN présent dans la petite sous-unité des ribosomes a une masse moléculaire plus grande que celle de l'ARN 16-S des micro-organismes, avec une constante de sédimentation supérieure (à savoir 18-S).

6. L'équipe de Manolo Gouy, du laboratoire « Biométrie et biologie évolutive » (Villeurbanne), en collaboration avec les informaticiens du laboratoire « Robotique-informatique et microélectrophysique » de Montpellier, a démontré très récemment que LUCA a vécu à des températures certes élevées, mais néanmoins modérées, inférieures à 50 °C. Plus tard, cette première forme de vie a dû résister à un milieu plus chaud (environ 70 °C) avant de s'adapter de nouveau à des températures décroissantes jusqu'à aujourd'hui.

terre et Philippe, 1999), ou encore Enancestor (du grec *kaïnos*, « récent » et « commun »).

La plupart des auteurs sont en faveur de l'idée que LUCA était un organisme unique, une sorte de cellule individuelle qui a dû exister il y a des milliards d'années et qui possédait déjà la plupart des caractéristiques (et des gènes correspondants) *qui sont partagées* par les organismes vivant aujourd'hui. Toutefois, d'autres scientifiques ont avancé l'idée que LUCA n'était pas un organisme cellulaire unique, mais plutôt une population d'organismes dans laquelle étaient « répartis » tous les gènes qui sont communs aujourd'hui aux trois principaux embranchements vivants (bactéries, archées, eucaryotes). Ces gènes, alors répartis, auraient peu à peu été « regroupés » dans une sous-population homogène et unique (Kandler, 1994).

D'après les données de la génomique comparative, les gènes communs aux trois grands embranchements cités ci-dessus seraient au nombre de 60 à 80. Il s'agit donc, d'après les hypothèses concernant la nature même de LUCA, des gènes qu'aurait comportés cet ancêtre cellulaire. Il est intéressant de noter que, parmi ces gènes *communs*, on rencontre principalement ceux qui sont connus pour être responsables aujourd'hui de la formation des ribosomes et des divers intermédiaires intervenant dans la traduction génétique (RNA → protéines) ainsi que des gènes codant pour la synthèse des sous-unités de la RNA polymérase, enzyme catalysant le copiage de l'ADN (transcription) conduisant aux divers types d'ARN cellulaires. Ainsi, LUCA, qu'il s'agisse d'une cellule unique ou d'une population, aurait déjà possédé la machinerie cellulaire propre à la synthèse des protéines et des ARN tels que nous les connaissons aujourd'hui.

Même si les bactéries sont apparues à coup sûr avant les eucaryotes, on ne peut donc pas les considérer comme des précurseurs évolutifs directs des archées, bien que ces dernières se présentent comme des micro-organismes. De fait, *aucun des trois règnes ne serait ainsi à l'origine des autres*, ce qui a remis fortement en question l'idée qui prévalait à l'époque d'une arborescence phylogénétique dans laquelle les eucaryotes auraient constitué un embranchement tardif du phylum des bactéries, ces dernières constituant le « tronc de l'arbre ».

Qu'est-ce que les archébactéries ?

Mais, que sont donc en réalité ces fameuses archébactéries ? Si elles se présentent la plupart du temps comme des bactéries ordinaires, elles en diffèrent néanmoins par toute une série de propriétés, possédant même parfois des caractéristiques qu'elles partagent avec les eucaryotes[7]. Carl Woese et ses collaborateurs ont constaté, au début de leurs travaux, que bon nombre d'entre elles étaient des micro-organismes *hyperthermophiles*, c'est-à-dire qu'elles étaient présentes dans des milieux naturels où régnaient des températures élevées, par exemple au voisinage de sources chaudes. Comme le fait remarquer M. Morange, c'est d'ailleurs la raison pour laquelle elles ont été considérées initialement comme des bactéries primitives – d'où leur appellation. On en a ainsi découvert dans les grands fonds océaniques (Morange, 2003). L'existence et la biologie des archébactéries

7. Elles ont notamment en commun, avec ces derniers, de comporter, par exemple, des « introns » à l'intérieur de leurs séquences génétiques, ce qui n'a jamais été observé chez les bactéries véritables.

hyperthermophiles suggéreraient alors à quoi ressemblaient les premiers organismes vivants apparus sur Terre, là encore près des sources chaudes. Néanmoins, on peut aussi avancer l'hypothèse inverse, à savoir que la capacité à vivre dans un milieu extrême a été la *résultante* d'une longue adaptation ! Le fait que les archébactéries renferment une enzyme absente chez les bactéries ordinaires, la *gyrase réverse*[8], peut être avancé comme un argument en faveur d'une lente adaptation des bactéries classiques à des températures élevées. À vrai dire, plusieurs biologistes penchent plutôt aujourd'hui pour l'hypothèse selon laquelle les archébactéries (ou archées) ne seraient pas si « archaïques » qu'on le pensait initialement.

Quoi qu'il en soit, et *quelles que soient les hypothèses se rattachant à leur origine, les archées se présentent souvent comme des micro-organismes capables de vivre dans des environnements extrêmes : hautes températures (par exemple, 80 °C ou plus), très forte salinité, pH très acide, etc. – c'est pourquoi on les désigne également du nom d'« extrémophiles »*. Selon toute probabilité, LUCA devait ressembler à un micro-organisme primitif voisin, morphologiquement et biologiquement, des bactéries actuelles. Celles-ci, ainsi que les archées et les cellules eucaryotes, sont apparues plus tard. Les premières cellules eucaryotes se distinguaient peut-être de celles connues aujourd'hui, dans la mesure où elles ne vivaient sans doute pas encore en symbiose avec les bactéries, dont certaines, nous l'avons vu, ont été converties par la suite (grâce au phénomène d'endosymbiose) en organelles intervenant dans la respiration cellulaire (mitochondries) ou dans la photosynthèse (chloroplastes).

---

8. Il s'agit d'une enzyme assurant un certain repliement de l'ADN, ce qui évite la séparation des deux brins qui le constituent lorsque l'on élève la température, comme c'est le cas de l'ADN des bactéries « ordinaires ».

CHAPITRE III

Les premières espèces et leur évolution

Histoire des idées sur la diversité du monde vivant

La création d'un nouveau concept : la biodiversité

Si l'étude du vivant, dans sa diversité, son foisonnement, mais aussi pour son exploitation et sa conservation, remonte à un passé très lointain, en revanche, la notion de « biodiversité » est d'origine relativement récente. Bien que sur ce point les avis ne soient pas tous convergents, de nombreux scientifiques en attribuent la paternité au grand biologiste américain Edward O. Wilson, professeur au Muséum de zoologie comparée et à l'Université de Harvard. Wilson a introduit cette terminologie à l'occasion du forum « Biodiversity » de 1986, organisé conjointement, à Washington, par l'Académie des sciences des États-Unis et la Smithsonian University. Cependant, il est incontestable que le mot a connu sa véritable vogue lorsqu'en 1992, au Sommet de Rio de Janeiro consacré à l'environnement, le monde a commencé à prendre conscience des menaces susceptibles de conduire à une extinction accélérée de certaines espèces, extinction plus ou moins directement liée aux activités humaines.

Comme telle, la biodiversité, dont l'étude avait été principalement l'apanage des biologistes et notamment des taxonomistes, s'inscrit aujourd'hui dans les grandes préoccupations de notre temps. Elle interpelle le public et les organisations internationales sur une grande échelle avec souvent, en toile de fond, une mise en accusation de l'homme, en raison de ses actions souvent jugées incontrôlées et de sa responsabilité face à l'érosion de la diversité biologique à la surface de la Terre. À cet égard, les avancées des scientifiques eux-mêmes sont parfois rendues responsables d'une distanciation de l'homme et de la nature, voire d'interférence directe, jugée néfaste pour l'environnement biologique[1].

Pourtant, et presque paradoxalement pourrait-on dire, rarement les sciences biologiques au cours de leur histoire ont autorisé de telles avancées dans l'étude de la diversité biologique, dans la compréhension aux niveaux génétique, moléculaire et physiologique des relations existant entre les millions d'espèces décrites et surtout dans l'étude de leur évolution. S'offrent désormais de nouvelles solutions pour mieux comprendre le sens profond du foisonnement de la vie, pour mieux l'explorer et pour mieux en assurer la protection. Nous en verrons diverses illustrations à propos du rôle de la biologie moléculaire, de la biologie du développement et de la génomique dans l'étude mais aussi la conservation des espèces. Il convient auparavant d'examiner comment ont évolué les idées relatives à la nature et à la diversité du monde vivant.

1. Voir, par exemple, le débat sur les OGM.

Les Anciens et la biodiversité

La pensée des Anciens les plus prestigieux, tels que Anaximandre, Pythagore, Platon ou Empédocle, lorsqu'elle tente d'appréhender le vivant, relève le plus souvent d'une inspiration cosmique. Les êtres vivants, comme les « choses », sont constitués par un mélange des quatre éléments physiques majeurs : l'air, la terre, l'eau et le feu. Pour Anaximandre, au VIIe siècle avant notre ère, les êtres vivants sont engendrés par l'action du soleil sur la mer. Pour Empédocle, la vie est apparue dans le limon qui, sous l'action du feu intérieur de la terre, a produit des membres épars... ; selon leur mode d'assemblage se forme soit un être vivant normal (du moins, en apparence), soit un être anormal, une sorte de monstre ! C'est essentiellement le hasard qui intervient dans ces types d'assemblages. Avec Démocrite, les vrais principes des choses sont le vide et les atomes qui gouvernent tout autant la formation des êtres vivants que des objets inanimés.

Est-ce à dire que les Anciens ne se sont pas penchés sur la diversité « concrète » des plantes et des animaux ? En aucune manière ! Curieusement, toutefois, nombreux sont ceux qui, parmi eux, voient dans les plantes, des êtres étranges, sortes d'animaux imparfaits, dénués de la capacité de mouvement (une des caractéristiques essentielles de la vie pour Aristote) et... de sentiment ! Ainsi Empédocle perçoit-il une analogie frappante entre les feuilles des arbres et les cheveux ou les plumes des oiseaux. D'autres vont jusqu'à concevoir les plantes comme des animaux inversés, devenus immobiles, la tête enfouie dans le sol, leurs racines constituant d'antiques chevelures !

ARISTOTE ET THÉOPHRASTE : LES PREMIERS NATURALISTES

L'approche d'Aristote devait représenter une véritable rupture épistémologique et méthodologique dans l'étude du monde vivant. Se démarquant de la vision platonicienne de ce monde qu'il considère comme trop théorique, il s'érige dans ses œuvres principales en observateur de la nature, observateur excellent s'il en fut, et peut donc être considéré comme l'un des premiers naturalistes de l'histoire. Aristote a répertorié et classé plus de 500 espèces d'animaux (insectes, poissons, reptiles, mammifères, etc.), tout en reconnaissant au sein du monde vivant l'existence de deux grands groupes majeurs : les « non-sanguins », ceux qui constituent aujourd'hui l'embranchement des invertébrés, et les « sanguins », c'est-à-dire les vertébrés. Il a même tenté d'établir, à l'intérieur de « groupes » caractérisés par les analogies des espèces qu'ils recouvrent, des classifications plus précises, allant parfois jusqu'à préfigurer une sorte de gradation évolutive.

Néanmoins, sa philosophie du vivant se réclame du fixisme plutôt que d'un transformisme avant la lettre. Il s'oppose d'ailleurs à Démocrite et à sa conception relative au rôle du hasard dans les combinaisons qui seraient à l'origine des êtres vivants. Pour lui, « ce n'est pas le hasard, mais la finalité qui règne dans les œuvres de la nature » (Buican, 1995).

Théophraste, disciple de Platon puis d'Aristote, est l'autre grand naturaliste de l'époque. C'est un botaniste réputé. Ses écrits (dont certains sont parvenus jusqu'à nous) révèlent une connaissance étendue du monde végétal et un sens de l'observation très poussé. On lui doit la description d'une centaine de plantes, l'observation selon laquelle les descendants d'une plante présentent des caractéristiques voisines de celles des géniteurs, mais où apparaissent parfois des variations. Il observe la germination des graines et précise les propriétés thérapeutiques de nombreux extraits végétaux.

Tant chez Théophraste que chez son maître Aristote et, par la suite, chez Pline l'Ancien, commencent à s'ébaucher des classifications. Les êtres vivants sont généralement ordonnés selon une échelle de complexité croissante, mais aussi selon un degré croissant de « perfection », l'homme figurant au sommet. C'est ce que des siècles plus tard, le philosophe et savant allemand Leibniz décrira sous le nom de « gradation linéaire ».

L'influence de ces grands précurseurs sera telle que le Moyen Âge « vivra » si l'on peut dire, *sur les acquis des Anciens*, principalement de Théophraste, Dioscoride et Pline l'Ancien, sans se signaler par des apports significatifs en termes d'étude et de classification du monde vivant pris dans son ensemble.

LA RENAISSANCE ET LES PREMIERS CRITÈRES DE CLASSIFICATION

Les débuts de la Renaissance sont marqués par le souci de développer des règles et des principes de classification fondés sur des critères rigoureux. Pourtant, au début, entre 1541 et 1586, plusieurs botanistes tels que Fuchs ou Gessner proposent, faute de mieux, de classer les plantes par ordre alphabétique, tentative qui avortera peu à peu, car dénuée de tout contenu « biologique » propre.

Toutefois, si l'entreprise paraît manquer d'originalité, elle illustre déjà un changement général d'attitude dans l'esprit des botanistes ou zoologues de l'époque. Désormais, le travail des Anciens n'est plus considéré comme relevant d'une vérité et de principes immuables[2]. Contemporain de Fuchs et de Gessner, Césalpin, botaniste et médecin italien, directeur du Jardin botanique de Pise, mérite une place à part tant par ses travaux – il fut le premier à décrire l'existence des organes sexuels chez les végétaux – que par le système de classification qu'il introduit. À côté d'autres critères morphologiques, déjà fréquemment utilisés à cette époque, il insiste sur des propriétés telles que la production de fleurs et de fruits, préfigurant, en quelque sorte, le critère d'interfécondité qui sera mis plus tard en avant pour désigner l'appartenance à une espèce définie.

Les classifications de Linné à Hennig

LA CLASSIFICATION DE LINNÉ : UNE RÉVOLUTION EN TAXONOMIE

Ce n'est qu'au XVIIe siècle que des botanistes comme Joseph Pitton de Tournefort, précurseur de Carl von Linné, commencent à entrevoir la nécessité de recourir à une nouvelle logique classificatrice fondée sur le regroupement d'espèces étudiées jusqu'alors séparément. Ils comprennent, en effet, que l'opération qui désormais s'impose est de regrouper les espèces en « genres », introduisant le concept de *niveaux hiérarchiques* dans l'ordonnancement du

2. On sait, en effet, à quel point la stricte observance des règles, voire des dogmes ou démarches explicatives, des Anciens allait inspirer tout le Moyen Âge, freinant l'essor d'une pensée rationnelle et *a fortiori* scientifique. C'est pourquoi, si naïfs soient-ils, les premiers essais de classification du monde vivant, au début de la Renaissance n'en témoignent pas moins d'une attitude digne d'être soulignée ici.

vivant, niveaux qu'en langage savant on appelle des « taxons ». Carl von Linné, botaniste suédois, médecin du roi, mettant en pratique le principe de hiérarchisation va, grâce à l'étendue exceptionnelle de son œuvre, s'imposer comme l'*un des plus grands systématiciens de tous les temps*. On lui doit les échelles de classification, dont beaucoup sont encore en usage aujourd'hui, comme « règne », « classe », « ordre », « genre », « variété », qui évolueront pour le règne animal en « règne », « embranchement », « classe », « ordre », « famille », « genre » et « espèce ». Mais c'est principalement sa classification dite « binominale », en genres et espèces, qui a popularisé son opus scientifique, paru dans une série d'ouvrages qui devaient profondément marquer son époque tels que *Systema naturae* (1735) *Fundamenta botanica* (1736) et *Philosophia botanica* (1751). Linné est principalement « fixiste ». Pour lui, les espèces ont été créées une fois pour toutes ; les genres et les espèces sont des *unités naturelles*. De là à penser que l'on doit pouvoir accéder à une véritable classification, correspondant à l'« ordre même de la nature », un ordre d'origine divine, il n'y a désormais plus qu'un pas !

La famille des Jussieu va jouer un rôle important dans la diffusion de la classification de type linéen. Parmi ses membres, Bernard de Jussieu est chargé, par Louis XV, d'« établir l'ordonnancement du jardin du Trianon, de la manière la plus naturelle possible » (Lecointre et Le Guyader, 2001). Son neveu, Antoine-Laurent, s'y illustre à ses côtés. Ils s'inspirent, l'un et l'autre, du fait que les plantes manifestent une « affinité réciproque naturelle » qui se reflète dans leur distribution géographique – concept de grande importance pour l'époque, qui n'est pas sans évoquer celui d'écosystème.

Préfigurant la notion moderne de biotope, Antoine-Laurent de Jussieu donne une impulsion particulière au

Muséum national d'histoire naturelle dont Buffon a été l'intendant et dont il devient le directeur. En 1795, grâce à l'appui de Geoffroy Saint-Hilaire, Georges Cuvier y obtient un poste à son tour et, appliquant au règne animal les « principes de subordination » d'inspiration similaire de celle des Jussieu en botanique, son œuvre marquera le point de départ de l'anatomie comparée et de la paléontologie.

D'après le principe de subordination des organes, toute modification dans une partie de l'organisme se répercute dans les autres. Cuvier peut ainsi produire une nouvelle classification zoologique (vertébrés articulés, mollusques et radiés). Il parvient surtout à reconstituer les vertèbres fossiles *prouvant, de manière éclatante, l'existence d'espèces disparues !* Alors que son œuvre, ses observations vont précisément servir de base aux théories transformistes, il demeurera un fixiste convaincu et un opposant aux idées de Geoffroy Saint-Hilaire et de Larmarck !

CLASSIFICATION N'EST PAS RAISON !

Avec l'œuvre des Jussieu et de Cuvier, la communauté scientifique pense détenir les outils solides conduisant à une classification « naturelle » acceptable parmi l'ensemble des biologistes. Toutefois, force est de constater que classification n'est pas raison ! Quel est, en effet, le « sens » de ces classifications naturelles, dès l'instant où, en ce début du XIXe siècle, « il n'y a plus de consensus pour considérer la classification naturelle comme correspondant à un ordre d'origine divine » (Buican, 1995) ? Qu'est-ce qui empêche désormais de penser que *l'énorme diversité des espèces vivant sur notre Terre résulte en fait des changements ou transformations ayant*

« remodelé » des espèces plus anciennes et qu'il n'y a pas d'immuabilité dans la multiplicité des espèces répertoriées par les botanistes et les zoologistes ?

Les esprits, vers le milieu du XVIIIe siècle, sont mûrs en quelque sorte pour de telles idées. Déjà, Buffon, dans ses premiers ouvrages consacrés à la *Théorie de la Terre* et les premiers volumes de sa célèbre *Histoire naturelle* (1749), avait provoqué les vives réactions du dogmatisme ecclésiastique de l'époque en assignant à notre planète un âge de... 74 000 ans, plus de dix fois l'âge officiellement admis par l'Église tel que figurant dans la Bible ! Il s'était également penché sur l'origine de la vie. Bien que « croyant » et s'étant rétracté, on sait aujourd'hui, à travers certains écrits, qu'il n'en pensait pas moins, mais que, selon sa propre expression, il « préférait être plat que pendu ». Comme nombre de savants de cette époque, Buffon croyait à la génération spontanée. Pourtant, c'est le même homme qui écrit : *« Il y a dans la nature un prototype général dans chaque espèce sur lequel chaque individu est modelé mais qui semble, en se réalisant, s'altérer par les circonstances »* (*cf.* Buican, 1995). Diderot lui-même, le véritable concepteur de l'*Encyclopédie*, soutiendra l'idée d'un prototype vivant, sujet à variations. Il *perçoit déjà le rôle considérable du facteur temps dans la malléabilité des espèces* et parle d'une « dynamique évolutive de la nature ». Nous ne sommes plus très loin du transformisme !

LAMARCK ET LE TRANSFORMISME

C'est Jean-Baptiste Lamarck, dans sa *Philosophie zoologique*, parue en 1809, qui donne corps à l'idée d'une transformation des espèces que l'on croyait jusqu'alors fixées en quelque sorte *ad vitam aeternam*. Certes, l'idée générale était déjà dans l'air à l'époque. Certains esprits du XVIIIe siècle, et non des moindres, ont déjà admis une variabilité génératrice de diversité et se sont déjà démarqués du fixisme tant prôné par Cuvier.

La transformabilité des espèces sous l'effet répété et cumulé du milieu[3], mécanisme que l'on décrit généralement par les termes d'« hérédité des caractères acquis », n'est plus acceptée de nos jours par les biologistes dont certains ont souvent voulu en souligner la naïveté. Pourtant, si le lamarckisme n'est plus de mise sous sa forme et dans son expression première, il ne faut pas oublier que, à l'époque de sa formulation, les mécanismes de la transmission héréditaire et l'existence des gènes ne sont pas encore connus. Lamarck a eu le très grand mérite de s'attaquer à l'immuabilité des caractères de l'espèce et à la philosophie « essentialiste » qui la sous-tend. Même si le mécanisme qu'il invoque pour l'apparition de représentants nouveaux au sein d'une espèce donnée n'apparaît plus plausible[4], son œuvre n'en représente pas moins un jalon important dans l'éclosion de la pensée évolutionniste. Mais il y a plus ! La découverte des phénomènes « épigénétiques[5] » est à l'origine de ce que d'aucuns n'hésitent pas à qualifier aujourd'hui de « néolamarckisme ». D'autant que certains de ces changements pourraient être induits par des facteurs exogènes – point dont nous serons amenés à discuter plus en détail plus loin dans cet ouvrage.

---

3. Par exemple celui que peut exacerber un exercice physique imposé par les conditions environnantes au niveau de la taille, de la morphologie d'un organe, etc. et la transmissibilité héréditaire des modifications ainsi produites.

4. Les effets exercés sur ce que l'on dénomme aujourd'hui le *soma* (par opposition au *germen*) ne sont en effet pas héréditairement transmissibles.

5. Il s'agit de l'apparition de changements biochimiques plus ou moins réversibles au niveau des chromosomes, changements préservant la séquence chimique proprement dite des gènes eux-mêmes et cependant héréditairement transmissibles.

Le mécanisme princeps invoqué par Lamarck est « instructiviste ». Il fait, en effet, appel à des instructions extérieures pour expliquer le changement des individus au sein de l'espèce. Dans l'ensemble, les naturalistes de l'époque lamarckienne demeurent « essentialistes » : ils n'attribuent qu'un caractère contingent aux variations subies par les individus, sans tenir compte de leur « polymorphisme ». Comme l'écrivent justement G. Lecointre et H. Le Guyader, « c'est Charles Darwin qui tourna le dos à l'essentialisme. Avant de "voir" l'espèce, il voyait des individus variables entre eux » (Lecointre et Le Guyader, 2001). Le « moteur », si l'on peut dire, de ces variations qui entraînent la diversification des espèces, ce n'est pas une instruction, comme postulé par Lamarck, c'est la *sélection naturelle*.

L'ORIGINE DES ESPÈCES SELON DARWIN

Darwin a été profondément frappé à la fois par l'extrême variété des individus du règne animal ou végétal qu'il avait pu observer lors de ses « fameux voyages[6] », par le rôle que joue l'isolement géographique dans l'expression prédominante de certains caractères spécifiques ainsi que par les transformations observées au sein de certaines espèces ou races animales, consécutives aux sélections domestiques pratiquées par les éleveurs. Il a donc proposé que, dans certaines conditions données de l'environnement, à un certain moment, certaines « variantes de l'espèce », conférant un avantage sélectif, commencent à prédominer et deviennent plus nombreuses, laissant une descendance plus importante que d'autres.

---

6. Allusion au célèbre voyage qu'il entreprit autour du monde sur le *Beagle*.

L'hypothèse de la sélection naturelle (à laquelle est également et indépendamment parvenu son contemporain Wallace) qu'il développera dans son ouvrage princeps, paru en 1859 *De l'origine des espèces*, a recueilli peu à peu l'adhésion de pratiquement toute la communauté scientifique. Désormais, et comme l'avait proposé Darwin, la classification des êtres vivants sera le reflet non plus de telle ou telle ressemblance morphologique ou autre, mais *de leur généalogie*, de leur longue histoire... Plus généralement et par extrapolation, Darwin sera conduit à se demander si tous les êtres vivants qui composent les espèces connues, à l'époque et aujourd'hui, *ne descendraient d'ailleurs pas d'un ancêtre commun* !

À PROPOS DES MÉCANISMES DE LA SÉLECTION NATURELLE

Mais qu'en est-il précisément de ces variations individuelles qui sont les foyers potentiels de la sélection naturelle ? Comment sont-elles engendrées et transmises avant d'être sélectionnées ?

Lorsque paraît *De l'origine des espèces*, les fameuses lois de l'hérédité, découvertes vers 1860 par le moine Gregor Mendel ne sont pas encore publiées. D'ailleurs, elles demeureront pratiquement ignorées jusque vers 1900 ; les gènes n'ont pas encore reçu leur nom de baptême. En dépit des intuitions géniales de quelques savants de la veine d'un Maupertuis ou d'un Duchesne qui, vers le milieu du XVIIIe siècle, ont déjà perçu l'existence des mutations et, avant même que les travaux réalisés par De Vries (1902) ne mettent, pour la première fois, celles-ci en évidence, leur rôle dans l'apparition des « points d'impact » de la sélection naturelle n'a pas encore été avancé. Le rapprochement entre mutationnisme et sélection naturelle – ce que l'on décrit souvent sous le nom de « néodarwinisme » – consacrera, en les explicitant au niveau génétique, les idées de Darwin.

Si, après Darwin, la référence à la *généalogie* est admise par la grande majorité des naturalistes dans leurs efforts pour ordonner le vivant, les systèmes de *classification* qui sont proposés n'en demeurent pas moins, pendant quelque temps, extrêmement divers. Après Ernst Haeckel (1866) qui tente le premier de classer les taxons[7] dans un « arbre phylogénétique », *la génétique va s'imposer* au point d'inspirer toute tentative classificatrice au XXe siècle. Il en sera ainsi de la génétique des populations (1940) qui est à l'origine de ce que l'on dénommera une « nouvelle systématique », avec les travaux d'E. Mayr et G. Gaylord Simpson. Ces auteurs se sont efforcés de réconcilier l'analyse génétique des *mécanismes* de la divergence entre les espèces (comment s'effectue le passage d'une espèce à une autre, processus dénommé « spéciation ») avec la pratique de la systématique dont le but est surtout de les ordonnancer.

LA MÉTHODE DE CLASSIFICATION EN USAGE AUJOURD'HUI : WILLI HENNIG ET LE CLADISME

C'est à un entomologiste, Willi Hennig, que revient le mérite d'avoir fondé, en 1950, une méthode simplifiée de classification des espèces, par l'analyse rationnelle de leur relation de parenté, méthode appelée « cladisme ».

7. Rappelons qu'un taxon est un regroupement d'organismes reconnu en tant qu'unité formelle. Par exemple, *Homo sapiens* est un taxon de rang spécifique. *Homo* est un taxon de rang générique, les hominidés formant un taxon de rang familial et les primates de rang ordinal.

Ici, seuls les caractères dérivés, *hérités exclusivement du dernier ancêtre commun* à deux espèces, attestent de leur étroite parenté. Le groupe ainsi constitué, fondé sur une « généalogie récente en partage », est appelé un *clade.* Cette méthode qui s'appuie donc uniquement sur des considérations généalogiques et refuse l'utilisation de ressemblances globales est *à peu près généralement adoptée aujourd'hui.*

Pour autant, la systématique henningienne ne peut résoudre les problèmes de classification qui lui sont posés sans disposer de caractères comparables : les caractères dérivés partagés. Or c'est précisément là que l*a biochimie comparée des protéines, les techniques d'hybridation moléculaire* (ADN : ADN) *et surtout la comparaison des séquences génomiques ont* permis *une véritable révolution technologique en systématique.* Celles-ci vont désormais proposer aux systématiciens, non pas une nouvelle méthode, mais une nouvelle « classe de caractères » disponibles et c'est ainsi que va s'instaurer, surtout à partir de 1985, une véritable « phylogénie moléculaire » (un développement spécifique lui sera consacré dans le chapitre V). Au préalable, nous transposant en quelque sorte à l'époque contemporaine, examinons les données dont nous disposons aujourd'hui en ce qui concerne la biodiversité, son étendue, mais aussi certaines des préoccupations que fondent les observations modernes sur sa fragilité.

CHAPITRE IV

Données actuelles sur la diversité biologique

La biodiversité aujourd'hui : une réalité sans doute sous-estimée

Combien connaissons-nous d'espèces vivantes aujourd'hui ? Combien d'entre elles ont été décrites, répertoriées, classées et ont pu faire l'objet de certaines études approfondies sous un angle physiologique, biochimique ou autre ? La plupart des biologistes contemporains s'occupant de systématique avancent un nombre total compris entre 1,7 et 1,8 million pour ce qui concerne *l'ensemble des organismes vivants appartenant au groupe des « eucaryotes »* (ceux dont le matériel génétique existe sous la forme de chromosomes présents à l'intérieur d'un noyau différencié). Les millions d'espèces auxquelles il est fait référence ici ne comprennent donc ni micro-organismes, ni, d'ailleurs, les virus, dont il sera fait état par la suite (p. 85).

À ces millions d'organismes eucaryotes identifiés appartiennent notamment :

– 270 000 plantes supérieures ;

– environ 150 000 espèces du groupe des algues, des champignons et des protozoaires ;

– 1,32 million d'animaux, dont les « arthropodes » (crustacés, arachnides, insectes, etc.) sont de loin les plus représentatifs (1,1 million). La contribution des vertébrés (45 000 ont été recensés jusqu'à présent) est donc beaucoup plus modeste !

À l'époque où Linné a entrepris ses premiers travaux qui devaient aboutir à une classification binominale[1], le nombre total d'espèces décrites ne dépassait pas les 10 000 ! On ne peut, à première vue, que saluer les progrès réalisés par les systématiciens. Encore convient-il de rappeler qu'il s'est écoulé plus de deux siècles et demi depuis les premières publications linéennes... De surcroît, la grande majorité des systématiciens contemporains considère le nombre de 1,7-1,8 million comme reflétant *une forte sous-estimation du nombre « réel » d'espèces vivant sur notre planète, lequel serait plutôt compris entre 6 et 30 millions, selon eux. Ainsi, 70 à 95 % des espèces vivantes ne seraient pas encore répertoriées* (Bouchet, De Wever, Tillier, 2000) ! En particulier, on ne dispose que de données numériques très partielles concernant les virus, les bactéries, les protozoaires, les champignons et les parasites marins[2]. Dès lors, même

1. Voir chapitre précédent.

2. En effet, à l'exception des vertébrés supérieurs, fort peu nombreux et dont l'inventaire est pratiquement achevé, la tâche qui reste à accomplir pour un inventaire global est considérable. Tout se passe, selon les experts, comme si le réservoir des espèces d'invertébrés, de champignons et de microalgues, à quoi il faut ajouter, comme nous le verrons, celui du monde bactérien, était quasi inépuisable. C'est ainsi que le nombre réel d'espèces de champignons pourrait atteindre 1,5 million. Le groupe des arthropodes terrestres comprendrait entre 40 et 80 millions d'espèces parmi lesquelles 8 millions d'espèces d'insectes. Celui des invertébrés macrobiotiques des eaux profondes serait représenté par 10 millions d'espèces. On a calculé qu'au rythme de 10 000 espèces nouvelles décrites annuellement et en admettant même que le nombre total d'entre elles qui reste à découvrir soit de 10 millions, ce qui demeure dans les hypothèses raisonnables, il faudrait de l'ordre de 1 000 ans pour achever l'inventaire global du monde vivant. Cette situation a été décrite sous le terme imagé de « handicap taxonomique » (*taxonomic impediment*). Il faudra donc opérer des choix au niveau international...

si la liste des nouvelles espèces s'enrichit chaque année d'environ 15 000 descriptions, la tâche qui s'impose aux biologistes dans les années à venir demeure immense…

Les défis du recensement des espèces

Les difficultés ne manquent pas, en effet ! Elles sont d'abord liées, d'une manière générale, à une forte décroissance, constatée dans la seconde moitié du XXe siècle, des recherches en systématique. La systématique est une discipline qui, suite au développement de celles que constituent la biologie moléculaire, la génomique et la biologie du développement, a souffert injustement d'une image quelque peu « passéiste ». En conséquence, ses données se trouvent souvent dispersées de par le monde au sein de laboratoires, de collections ou de bibliothèques longtemps demeurés sans connexion avant l'usage de l'informatique.

Cette dispersion peut entraîner des confusions dans l'identification et la nomenclature, certaines espèces considérées comme nouvelles ayant déjà été décrites sous d'autres noms (problèmes de synonymie). Fort heureusement, et pour des raisons très diverses, y compris celles qui sont liées à l'exploitation utilitaire ou autre du monde vivant, des efforts très importants ont été consentis depuis le milieu des années 1990 au plan international pour faciliter la communication entre spécialistes et pour un meilleur stockage des données. Comprendre les véritables paramètres biologiques d'une espèce, les diverses étapes de son développement et ses filiations évolutives, tout en s'efforçant d'établir son rôle au sein de l'écosystème auquel elle appartient, déterminer enfin son utilisation pratique : tous ces objectifs s'inscrivent désormais dans la démarche des systématiciens contemporains. Or, sous cet angle, on estime que le nombre d'espèces vraiment caractérisées ne dépasserait guère le million.

Recenser les espèces vivantes : une ambition toujours d'actualité

C'est principalement au cours du sommet de Rio sur la biodiversité, en 1992, et à l'issue de la Convention sur la diversité biologique qui en a résulté qu'a été signalée, avec force, *l'insuffisance des capacités mondiales de recherche en systématique.* L'Europe, d'une manière générale, et la France, en particulier, ont pourtant occupé pendant longtemps une position clé dans ce domaine. En effet[3], la systématique, entre le début du XVIIIe siècle et jusqu'en 1930, s'est développée de façon quasi exclusive en Europe, avec un regain d'intérêt particulier quand, dans la période coloniale, a été recueillie une moisson de connaissances nouvelles relatives aux faunes et aux flores des pays du Sud. Il en est d'ailleurs résulté une situation de déséquilibre sur laquelle nous serons conduits à revenir. *En effet si, globalement, la « biodiversité » est « au Sud », les « capacités d'expertise » sont « au Nord ».* C'est notamment l'Europe qui détient, encore aujourd'hui, les collections scientifiques les plus importantes d'espèces provenant des pays en développement[4] ! À côté du National

3. Comme nous le rappelions, le professeur Jean Dercourt et moi, en octobre 2000, dans un rapport de l'Académie des sciences que nous avons coordonné avec les professeurs S. Tillier et P. De Wever.

4. À l'instigation de Philippe Taquet, ancien directeur général du Muséum (spécialiste mondialement connu des dinosaures), l'Académie des sciences réunit à l'automne 2012 les spécialistes de nombreux pays en développement et des pays européens, afin d'envisager en commun les mesures susceptibles de faciliter l'accès aux collections européennes des scientifiques des pays en développement.

Museum of History de Washington, les plus importantes institutions taxonomiques mondiales sont en Europe, avec le Muséum national d'histoire naturelle de Paris, le Muséum de Londres ainsi que, pour le règne végétal, les Royal Botanical Gardens de Kiew (Royaume-Uni). Les grandes initiatives consécutives à la Convention sur la diversité biologique ont principalement été prises aux États-Unis et en Europe. Les États-Unis ont réagi dès 1992 au fléchissement des recherches taxonomiques en lançant le grand programme Systematics Agenda 2000, dont la publication a démarré en 1994. Peu de temps après, le Conseil international pour la science (ICSU), s'appuyant sur son Union internationale des sciences biologiques, lançait le programme Diversitas (inventaire, classification prédictive, gestion des connaissances). Puis ce fut le tour de l'OCDE (1996) qui a instauré un Forum Mégascience, consacré à l'informatique appliquée à la biodiversité. Cette initiative a finalement débouché sur l'entreprise GBIF (Global Biodiversity Information Facility) qui dispose aujourd'hui d'un portail informatique permettant de coordonner les différentes bases de données taxonomiques. Enfin, signalons que, depuis 1995, à l'instigation de la Fondation européenne de la science, s'est constitué un consortium, le CETAF (Consortium of European Taxonomic Facilities) qui réunit une vingtaine de muséums et jardins botaniques d'Europe.

Les menaces actuelles sur la survie de certaines espèces

On estime que le nombre d'espèces existantes aujourd'hui n'équivaut qu'à 1 ou 2 % de celles ayant existé par le passé. Outre le fait que la durée de vie des espèces, encore qu'assez variable de l'une à l'autre, est sans doute « naturellement » limitée à quelques millions d'années[5], au cours des temps géologiques se sont produits divers épisodes d'« extinction » plus ou moins brutaux, attribuables soit à des bombardements de notre planète par des météorites, soit à des éruptions volcaniques de grande intensité ou encore à des variations climatiques brutales. Ces diverses crises d'extinction ont été généralement suivies par des phénomènes baptisés « radiations » au cours desquels ont eu lieu des processus de diversification parfois très prononcés concernant les taxons qui avaient persisté.

Encadré 2
Un épisode de radiation remarquable

L'un des épisodes de radiation le plus remarquable s'est produit à l'ère cambrienne. Il a donné lieu à l'apparition d'organismes à squelette carbonaté – donc aisément fossilisables : en moyenne, la richesse spécifique totale de la biosphère semble avoir augmenté (rapport Science et Technologies, 2000, p. 55). On est donc conduit à penser que l'élimination d'une proportion importante des espèces, peuplant la biosphère marine ou terrestre, aurait offert, en quelque sorte, un nouvel espace écologique aux espèces ayant subsisté !

La plupart des paléobiologistes s'accordent à reconnaître cinq grandes crises d'extinction qui se seraient échelonnées il y a 440, 370, 250, 210 et 65 millions d'années respectivement. En particulier, la période

5. Les mécanismes à l'origine de cette limitation peuvent être liés à des déséquilibres écologiques, tels que la disparition de certaines proies dans le monde animal, à la raréfaction des espaces habitables par certaines espèces (urbanisation), à l'apparition de maladies, au cumul des effets causés par les mutations, etc.

comprise entre les ères secondaire et tertiaire a connu la crise dite du « crétacé tertiaire », *marquée par l'élimination des dinosaures*, phénomène désormais très largement « popularisé » et attribué, le plus souvent, à la chute d'une très grande météorite ou, selon d'autres spécialistes, à des modifications brutales du climat faisant suite à de violentes émissions de cendres volcaniques.

La crise contemporaine de la biodiversité

Les mouvements d'opinion écologiques ont connu un fort regain d'intensité depuis le début des années 1970. Plusieurs phénomènes ont accentué cette tendance : les déclarations ayant accompagné le sommet de Rio (1992) et les diverses prises de position qui y ont fait suite, notamment à travers la philosophie du « développement durable », mais aussi les alarmes lancées à propos du *réchauffement climatique*. Tout cela a contribué, à des degrés divers, à la prise de conscience des graves menaces pesant aujourd'hui sur la biodiversité. Selon de nombreux experts, en effet, la diversité des espèces serait en train de s'éroder sous nos yeux au point qu'elle est souvent assimilée à une sixième crise d'extinction (Morell, 1999).

Le rapport de l'Académie des sciences d'octobre 2000, consacré à la systématique, fruit du travail d'un grand nombre de spécialistes de la biodiversité et de multiples consultations, s'est efforcé de préciser les ordres de grandeur de cette extinction, en évaluant la vitesse de disparition des espèces à l'échelle séculaire qu'est la nôtre (rapport Science et Technologies, 2000). En ce qui concerne le groupe des oiseaux et celui des mammifères terrestres (comprenant chacun environ 15 000 espèces) et en supposant une durée de vie moyenne de 1 million d'années pour une espèce appartenant à ces deux groupes, il ressort, d'après les données numériques se rapportant aux espèces disparues, que le taux d'extinction actuel serait 35 fois supérieur au bruit de fond de l'extinction « paléontologique ». Il a également été calculé que, d'après les taux de déforestation tropicale (estimés à 1-2 % par an selon les régions), entre 0,25 et 0,5 % des espèces qui les peuplent seraient en voie de disparition – soit 25 000 à 50 000, chiffres rapportés à 10 millions d'espèces vivantes. Cette accélération est généralement considérée comme étant d'origine anthropogénique.

Tel est, en effet, le cas de la déforestation observée par exemple en Amazonie (4,2 millions de km²) et dans de nombreuses forêts tropicales qui, au total, abritent pratiquement la moitié des espèces vivantes et jouent, comme l'on sait, un rôle de régulateur climatique aux niveaux local et régional. La situation ne semble guère plus brillante au sein du formidable réservoir d'espèces que constituent les espaces marins. L'océan est en effet victime de détériorations biologiques graves et, parfois, irréversibles. Elles se traduiraient, selon les estimations récentes, par des pertes comprises entre 50 et 90 % des grands poisons prédateurs (thons, espadons, etc.). De fait, le trafic maritime s'est considérablement accru depuis 1960 : il aurait même quintuplé ! Les alertes face aux prélèvements intensifs de certaines espèces de poissons ne cessent de se multiplier. Les pollutions dues aux marées noires (dont l'une des plus sévères s'est déroulée récemment au large de la Louisiane) sont fréquentes.

La question du réchauffement climatique

À côté des phénomènes d'extinction biologique proprement dits, l'attention est fréquemment attirée sur les menaces liées au réchauffement climatique dont l'origine est au centre de débats souvent très vifs, tant au sein de la communauté scientifique et politique que de l'opinion publique en général, selon le degré d'intensité qu'on lui attribue et surtout selon la responsabilité qui est dévolue aux activités humaines. Sont fréquemment mis en cause, outre les nuisances du milieu marin et les déforestations, évoquées ci-dessus, l'usage des pesticides, le développement agricole intensif et, d'une manière générale, un rejet accru de dioxyde de carbone (CO_2) lié aux activités industrielles (effet de serre) ainsi qu'aux transports et à l'accaparement par l'homme de nombreux biotopes naturels du fait de l'urbanisation[6]. Le réchauffement climatique est apparemment responsable d'importants phénomènes de migration d'espèces variées vers des régions ou des biotopes spécifiques plus tempérés.

Le constat est donc quasi unanime d'une crise actuelle de la diversité biologique. Il s'agit, selon les spécialistes, d'une crise dont le « pas temporel » est de l'ordre

6. Le climat pourrait notamment se réchauffer dans les hautes latitudes, avec des températures qui, selon certains experts, connaîtraient un accroissement de 8 °C en moyenne annuelle dans certaines régions du Canada. Mais comme le fait remarquer C. Bertelsmeier dans un très récent article (*Découverte*, 2011, p. 36), le réchauffement climatique a aussi pour effets des modifications dans le régime des précipitations, l'élévation du niveau de la mer, la réduction (déjà spectaculaire) de la glace aux pôles, la fonte des glaciers et la survenue beaucoup plus fréquente d'événements extrêmes, tels que cyclones, ouragans, tempêtes.

Encadré 3
Les migrations d'espèces et le réchauffement climatique

C'est le cas de nombreuses espèces d'insectes (lépidoptères, coléoptères, mantes religieuses, libellules). Près de la moitié des espèces d'oiseaux, inventoriées en Europe, ont migré vers des régions plus septentrionales, depuis le début du XXe siècle. Les deux tiers environ des 36 espèces étudiées de poissons de l'Atlantique Nord (cabillaud, lotte, etc.) ont migré vers le nord sur des distances moyennes de 50 à 400 kilomètres selon les cas, tandis que d'autres gagnaient des eaux plus profondes…

du siècle, et non plus de la dizaine ou de la centaine de millénaires ; de façon compréhensible, les diverses menaces biologiques liées au réchauffement climatique n'ont pas été pour peu de chose dans l'intérêt renouvelé que porte notre société aujourd'hui à l'importance générale de la biodiversité.

CHAPITRE V

Les apports de la biologie contemporaine à l'étude de la biodiversité

Vers une systématique moléculaire

Dans l'histoire simplifiée des concepts se rapportant à la diversité du monde vivant et aux multiples tentatives visant à en ordonner, par des classifications appropriées, les différents groupes constitutifs, nous avons pu mesurer à quel point ont été variés les critères utilisés (voir chapitre IV). Les systématiciens ont, selon l'état des connaissances aux époques considérées, fait par exemple appel à des critères de ressemblance purement morphologique, à la similitude des plans d'organisation (pour les espèces fossilisables), à des relations d'ordre généalogique (dans la continuité des idées darwiniennes) ou ont tenté de combiner certains de ces critères comme cela a été le cas avec le cladisme. Pour autant, dans les années 1960 par exemple, certains domaines de la systématique, tel celui du monde microbien, « piétinaient » quelque peu, les microbiologistes ne parvenant pas à dégager une classification naturelle.

On doit aux idées de Linus Pauling et d'Emile Zuckerkandl (Zuckerkandl et Pauling, 1965) d'avoir ouvert une voie nouvelle fondée sur l'analyse comparée, au sein de divers groupes d'organismes, des acides nucléiques et des protéines. Plus précisément, ces deux biologistes figurent parmi les premiers à avoir postulé de façon explicite que *les variations accumulées dans les séquences chimiques des acides nucléiques et des protéines, telles qu'on peut les observer en comparant diverses espèces, reflètent assez fidèlement leur histoire évolutive* (Fitch et Margoliash, 1967).

En complétant les critères classiques que nous venons d'évoquer (ressemblance morphologique, relations généalogiques, etc.) par des critères moléculaires, donc précis et mesurables, on se trouvait ainsi, vers la fin des années 1960, en mesure de conforter ou de remettre en cause certaines classifications taxonomiques anciennes, plus ou moins approximatives des espèces, passant d'une systématique « classique » à une systématique moléculaire. En outre, on apportait un éclairage également plus précis (par l'étude *comparée* des séquences chimiques des macromolécules dans les espèces étudiées) sur leurs relations évolutives. Plus tard, les progrès réalisés dans l'établissement automatique de la séquence des ADN génomiques et l'apparition des techniques d'amplification génique *in vitro*[1] allaient offrir la possibilité de comparer les séquences d'ADN spécifiques *sans que l'on soit pour autant contraint d'isoler (voire de cultiver) les organismes correspondants*[2]. Dans les années 1990, un collaborateur de Carl Woese, Norman Pace, aura l'idée de procéder à l'analyse comparative des gènes de l'ARN ribosomique 16-S à partir d'ADN isolé et purifié dans un échantillon de milieu naturel (le sol, par exemple) après

1. Technique développée par K. B. Mullis, sous le nom de « *polymerase chain reaction* » (PCR).

2. C'est d'ailleurs dans ce contexte – ainsi que nous l'avons déjà décrit (chapitre II, p. 46) que Carl Woese et ses collaborateurs ont entrepris l'analyse comparative des séquences d'un marqueur moléculaire présent dans toute cellule vivante : l'ARN ribosomique. Leurs recherches devaient entraîner, nous l'avons souligné, une véritable révolution dans la classification des organismes

avoir amplifié l'ADN total de cet échantillon par la technique PCR. Cette voie d'approche, désignée parfois sous le nom d'« écologie moléculaire », s'est considérablement élargie depuis lors, sous le nom de « métagénomique » ou « génomique environnementale » et nous verrons comment elle est en train de révolutionner l'étude de la biodiversité microbienne mais également virale et planctonique. *Mais examinons, auparavant, en quoi la génomique, dont nous avons déjà évoqué les approches conceptuelle et technique, fournit de nouveaux éclairages sur la biodiversité.*

Une nouvelle approche de la phylogénie des plantes et des animaux par la génomique et ses applications

La disponibilité des séquenceurs automatiques, vers la fin des années 1990, a stimulé l'*étude comparée des génomes à travers diverses espèces* (et parfois diverses variétés déjà décrites à l'intérieur de certaines d'entre elles), l'objectif recherché différant quelque peu selon le règne considéré. Le but convoité, au plan fondamental, relevait certes des attentes placées dans une génomique évolutive, capable d'éclairer sur les mécanismes moléculaires à l'origine des filiations existant au sein de « clades » particuliers (ou même entre différentes familles ou règnes), rejoignant en cela la démarche des systématiciens. Un intérêt particulier s'attachait en effet à la détermination du nombre de gènes, à l'importance relative de l'ADN non codant et des éléments

---

vivants, désormais subdivisés en trois grands groupes : celui des bactéries classiques (*Bacteria*), celui des organismes eucaryotes (*Eucarya*) et celui d'organismes procaryotes, aussi éloigné des bactéries vraies que des eucaryotes (*Archea*) (voir chapitre II, p. 46).

répétitifs, à la caractérisation des gènes conservés et des gènes de régulation, etc. Néanmoins, à côté de ces considérations phylogéniques, si le règne végétal a sans doute été l'objet des analyses génomiques les plus poussées, c'est souvent avec une finalité liée à l'agriculture et à l'alimentation.

LES VÉGÉTAUX ET LE GIGANTISME GÉNOMIQUE

À l'heure actuelle, les génomes des plantes les plus variées ont été séquencés, soit partiellement, soit intégralement. Déjà, en 2005, on estimait qu'au total plus de 60 millions de paires de bases émanant de génomes végétaux avaient vu leur séquence établie avec précision. Quelles conclusions peuvent être tirées de la génomique végétale comparative ?

La première conclusion qui s'impose est que la complexité et la taille des génomes végétaux varient dans de très grandes proportions. La première plante dont le génome complet a été séquencé était une modeste crucifère, *Arabidopsis thaliana* (connue familièrement sous le nom d'« arabette des bois »), précisément choisie à cause de la petite dimension moléculaire de son génome : 125 millions de paires de bases. À l'autre extrémité, certains végétaux, à vocation utilitaire ou non, exhibent au niveau génomique des tailles gigantesques. Citons le maïs[3], la canne à sucre[4], le blé tendre[5] ou encore le pin[6], avec toutes les tailles intermédiaires rencontrées parmi les autres plantes étudiées. Il convient toutefois de souligner que ces cas de « gigantisme génomique » sont souvent liés

3. Zea maïs : 2,7 milliards de paires de bases (pdb).
4. *Saccharum officinarum* : 7,5 milliards de pdb.
5. *Triticum sativum*, Chinese spring : 17 milliards de pdb.
6. *Pinnus maritimus* : 20 milliards de pdb.

à l'existence de nombreuses *duplications* de gènes apparues au cours de l'évolution ou à des phénomènes de « polyploïdie[7] » pouvant résulter des sélections réalisées par les obtenteurs de nouvelles variétés. Ainsi en est-il par exemple du blé tendre, qui est héxaploïde.

En second lieu, la génomique comparée chez les végétaux met souvent en lumière un phénomène assez répandu, apparenté, semble-t-il, à ce qui vient d'être souligné au sujet des duplications. Ce phénomène, dénommé « synténie », particulièrement prononcé dans le groupe des céréales, consiste en la présence, chez des variétés, voire des espèces différentes, d'ensembles de gènes, *topologiquement groupés et similaires*. Il y a donc partage de portions importantes de génomes, portions *qui semblent avoir été « transférées en bloc », d'une variété, voire d'une espèce, à une autre au cours de l'évolution.*

Mais il convient de remarquer ici que, dans le règne végétal plus que dans tout autre règne, l'intérêt des recherches génomiques n'est pas seulement inspiré par des considérations de caractère fondamental. Il est souvent lié à la caractérisation de gènes pouvant se révéler utiles aux sélectionneurs, à des fins horticoles, agricoles ou agroalimentaires. On s'intéresse par exemple à des gènes intervenant dans le contrôle de la croissance. On sait que la réduction de taille de la tige peut conférer une plus grande robustesse face aux intempéries, ce qui a été mis à profit dans ce qui a constitué la « révolution verte ». Il peut également s'agir de la richesse en amidon, de la qualité des protéines (richesse en lysine) et de leur stockage dans les graines, sans parler des diverses propriétés concernant la résistance aux stress abiotiques, aux prédateurs, aux agents

---

7. Accroissement parfois consécutif à des sélections variétales du « jeu » de chromosomes.

pathogènes, etc. Les gènes impliqués dans ces propriétés font l'objet de purification et d'amplification par clonage. Ils sont soit utilisés pour pratiquer des sélections variétales classiques, soit interviennent dans la transgenèse (OGM).

S'il fallait qualifier l'ensemble de ces démarches inspirées de la génomique et dont la finalité est l'étude de la biodiversité, on serait tenté de dire que, parallèlement à la biodiversité « visible » (celle donnant lieu à la reconnaissance concrète, morphologique, des espèces et de leurs niches écologiques), se construit peu à peu une biodiversité moléculaire et génétique, conduisant à l'établissement de nombreuses bases de données et dont l'interprétation dépend désormais beaucoup des traitements informatiques.

GÉNOMIQUE ANIMALE ET HUMAINE : PARADOXES NUMÉRIQUES ET CONSIDÉRATIONS SUR L'ÉVOLUTION DE L'ESPÈCE HUMAINE

De nombreux travaux à caractère fondamental ou appliqué ont été consacrés à la génomique des animaux. Parmi les premières espèces animales dont le matériel génétique ait vu sa séquence établie à la fin du XXe siècle figurent le ver nématode (*Caenorhabditis elegans*) et la mouche du vinaigre (*Drosophila menalogaster*), deux modèles privilégiés par les biologistes du développement et les généticiens. Le premier mammifère dont l'ADN a été séquencé a été la souris (*Mus musculus*). *Après quoi, les biologistes se sont attaqués à ce qui représentait, à leurs yeux, l'un des défis les plus évidents et les plus difficiles à relever au plan technique : la séquence chimique du génome humain.* Deux équipes, l'une travaillant au National Institute of Health (NIH), sous la direction de Collins, l'autre sous l'égide de Craig Venter, ont publié simultanément, en l'an 2000, une première version de la séquence génomique humaine.

Aujourd'hui, grâce à l'efficacité des séquenceurs automatiques et des techniques propres au séquençage de l'ADN, nos connaissances se sont enrichies d'un très grand nombre de données en génomique animale et humaine émanant, pour les premières, des espèces les plus variées, pour les secondes de populations les plus diverses. Les travaux ainsi réalisés ont, tout naturellement, permis d'établir des comparaisons d'un très grand intérêt au plan évolutif, mais n'ont pas manqué de déboucher sur des constatations pour le moins inattendues, à la fois en termes de génétique comparative, mais également en ce qui concerne l'organisation fonctionnelle du matériel héréditaire.

Cela ressort, en premier lieu, des données *quantitatives* issues de l'analyse des génomes provenant de règnes animaux différents et des comparaisons avec celle des génomes de bactéries ou de levures. D'une part, en effet, on constate que, comme on s'y attendait, la longueur totale de l'ADN de mammifères (souris, homme) – établie en supposant que les molécules d'ADN présentes dans tous les chromosomes sont jointes et mises bout à bout – est très grande. Elle est environ huit cents fois supérieure à celle de l'ADN provenant d'une cellule bactérienne comme *E. coli*, ou trois cents fois plus grande que celle de l'ADN de levure. On retrouve des rapports de même ordre si l'on compare les nombres totaux de paires de bases, c'est-à-dire les contenus informatifs ($3{,}5 \times 10^9$ pour la souris et l'homme contre 12×10^6 pour la levure et $4{,}6 \times 10^6$ chez *E. coli*). En revanche, le nombre de gènes (tels que classiquement définis en tant que séquences d'ADN codant pour des protéines ou des ARN) varie très peu de la bactérie à l'homme !

De fait, *dans l'espèce humaine, on ne dénombre en effet guère plus de 25 000 gènes*, soit à peine six fois plus que chez une simple bactérie telle que *E. coli* ou quatre fois plus que chez la levure ! Ce nombre est à peu près le même chez la souris et chez l'homme. Sur le plan qualitatif, c'est-à-dire concernant les « séquences chimiques » des ADN génomiques, celles-ci varient peu de la souris à l'homme et sont pratiquement identiques (à quelques fractions de pour cent près) chez le chimpanzé et l'homme.

Autre conséquence inattendue des estimations numériques rapportées ci-dessus : si l'on calcule ce que représente l'ensemble des 25 000 gènes de l'espèce humaine en nombre total de paires de bases, il s'avère que cette partie « codante » du génome *ne correspond qu'à 3 % du contenu informatif total de l'ADN* ! En d'autres termes, 97 % de l'ADN humain est, en quelque sorte, *non codant* ! Chez les bactéries en revanche, c'est la situation inverse : la quasi-totalité de l'ADN cellulaire est représentée par des gènes actifs. La proportion d'ADN non codant s'accroît assez régulièrement lorsque l'on compare les organismes eucaryotes au plan évolutif.

Dès lors, deux grandes interrogations se présentent : 1. Comment expliquer que le nombre absolu de gènes véritables varie si peu au cours de l'évolution lorsque l'on passe du domaine des bactéries à celui des eucaryotes et, au sein de ces derniers, de la levure à l'homme ? *Comment expliquer que l'homme soit ce qu'il est avec si peu de gènes* ? 2. Quelle est la nature de l'ADN non codant et sa fonction ?

En ce qui concerne le premier point (le nombre apparemment faible de gènes au sein d'espèces vivantes évoluées), diverses propositions ont été avancées. On a fait remarquer par exemple qu'il suffisait d'un petit nombre de gènes de développement pour rendre compte de l'émergence des zones les plus évoluées du cortex (télencéphale) et, partant, de l'apparition des fonctions cognitives supérieures qui confèrent à *Homo sapiens* son statut particulier. Nous aurons l'occasion d'évoquer à nouveau cette hypothèse à propos des considérations sur le gène FOXP2, le développement de la parole et du langage chez les hominidés (voir chapitre VI).

Plus généralement, les biologistes font valoir que le degré de complexité (sophistication) des formes et des comportements accompagnant l'évolution biologique dépend davantage de la nature des « gènes régulateurs » que de celle des gènes intervenant dans le codage pur et simple des protéines ou des ARN (gènes dits « de structure »). Un petit nombre de gènes régulateurs, tenant sous leur contrôle un ensemble beaucoup plus important de gènes de structure, peut changer la donne, en activant, différentiellement, d'une espèce à l'autre, des réseaux de gènes de structure, sans que le nombre absolu de ces derniers soit affecté. Ce qui compterait donc surtout, en définitive, ce sont *la nature et le nombre de combinaisons* pouvant s'établir ainsi entre tel ou tel groupe de gènes au cours du développement, de la morphogenèse ou du fonctionnement de la cellule adulte. Or ce nombre de combinaisons peut être énorme ! Enfin, d'autres auteurs mettent surtout l'accent sur les produits d'expression des gènes et, en particulier, sur les protéines. Il faut rappeler, en effet, que l'évolution a doté les organismes supérieurs de mécanismes d'épissage alternatif, ce qui a permis un élargissement considérable du spectre des protéines capables de se former dans tel ou tel contexte lié à l'environnement. Or on sait bien que, de l'assortiment de ces protéines dans des ensembles fonctionnels de plus en plus complexes (métabolisme, signalisation, morphogenèse), dépendent les capacités physiologiques des organismes vivants, cette complexité pouvant s'accroître avec l'évolution.

Pour en venir au second point, à savoir l'existence chez les organismes supérieurs d'une prédominance quantitative marquée de l'ADN non codant, laquelle est de plus en plus affirmée à mesure du degré d'évolution (rappelons qu'elle est de 97 % chez l'homme), il convient de s'interroger sur sa nature. Celle-ci est assez hétérogène : elle comprend, par exemple, l'ensemble des introns, c'est-à-dire des intercalaires non codants des gènes (et nous avons vu ce qu'il fallait penser du rôle des mécanismes d'épissage alternatif des gènes en mosaïques), ainsi que toute une variété d'éléments répétitifs (satellites, transposons, etc.). Elle inclut également des « pseudogènes », sortes de gènes éteints, désormais incapables de s'exprimer. L'ADN non codant est donc à la fois la partie du génome qui renferme les « signatures » très anciennes de l'évolution moléculaire et un très grand nombre de séquences répétitives ayant un rôle important au cours du développement ou encore de motifs intervenant dans l'architecture même des chromosomes (notamment dans le mode de plissement et de compaction des molécules d'ADN). Nous verrons également (chapitre VIII) que l'ADN non codant est potentiellement « transcriptible » en une grande variété d'ARN, à durée de vie très courte, certains de ces ARN ayant sans doute un rôle en tant qu'éléments de régulation de l'expression génétique. En conclusion, on mesure à quel point la génomique comparative a été, et demeure, à l'origine de concepts nouveaux concernant des aspects fondamentaux de l'évolution ainsi que la nature et le fonctionnement du matériel héréditaire chez tous les organismes vivants. De fait (ces observations eussent demandé un long développement), il est connu, depuis les années 1980 (grâce aux travaux de Bernardi *et al.*, 1985), que l'ADN recèle en réalité cinq compartiments (ou isochores) présentant des proportions variables en GC (fractions repérables par centrifugation en gradient de densité). Or les gènes ne sont pas uniformément répartis dans l'ADN génomique des mammifères : chez l'homme, par exemple, deux tiers des gènes sont concentrés dans les « isochores » les plus riches en GC (soit 15 % de l'ADN total), le tiers restant dans des sous-fractions relativement pauvres en GC. Au cours de l'évolution, on a assisté à un enrichissement graduel en isochores riches en GC, lesquels sont beaucoup plus résistants à l'élévation de la température (en corrélation avec l'apparition des mammifères à sang chaud). Ces considérations ont conduit à de toutes nouvelles théories en termes d'évolution moléculaire (Bernardi, 2007).

LA MÉTAGÉNOMIQUE : UNE NOUVELLE VOIE D'EXPLORATION DE LA BIODIVERSITÉ MICROBIENNE

Mais c'est sans doute à l'échelle du monde microbien (celui des bactéries et des archées), du microplancton et des virus que la génomique est en voie de renouveler profondément l'étude de la biodiversité. Ce constat est d'autant plus important que ce monde de l'infiniment petit biologique occupe, selon les scientifiques, une place énorme dans la biodiversité en général et que, malgré une connaissance assez étendue des espèces pathogènes[8], cette biodiversité particulière est, pour une large part, inconnue !

C'est à un élève et collaborateur de Carl Woese (le découvreur des archées), Norman Pace que l'on doit l'introduction d'une nouvelle méthode d'analyse des milieux microbiens complexes, méthode qui allait être perfectionnée et standardisée quelques années plus tard sous le nom de « *métagénomique* ». Norman Pace, tout en poursuivant l'étude comparative des gènes codant pour les ARN ribosomiques 16-S et 18-S, comme l'avait initiée Carl Woese, et désireux d'étendre leur comparaison

8. On estimait, en 2010, que les génomes de près de 1 000 espèces bactériennes, 2 000 espèces virales, 70 espèces d'archées avaient été séquencés et les données correspondantes répertoriées dans les bases de données de Genbank.

à un plus grand nombre d'espèces, a pris conscience d'un *important facteur de limitation : la nécessité d'isoler et de cultiver les micro-organismes présents dans des milieux complexes.* Il a imaginé de recourir à l'isolement « direct » de l'ADN à partir du milieu (dans son ensemble) et d'en obtenir des quantités suffisantes, après amplification par la technique PCR (Mullis et Faloona, 1987).

Cette approche, permettant donc de « court-circuiter » l'obligation du passage à l'étape de culture *in vitro* (laquelle est souvent impossible) allait permettre de s'attaquer à la complexité biologique de biotopes très complexes tels que la flore microbienne du sol, la flore intestinale ou le milieu océanique. L'ADN extrait, puis amplifié, est converti enzymatiquement en un ensemble de fragments qui sont ensuite purifiés par clonage et les entités moléculaires ainsi obtenues font l'objet d'un séquençage partiel qui permet de les « étiqueter ». Les données de séquences qui en résultent sont comparées à celles de micro-organismes classiques figurant dans les bases de données, ce qui permet d'en inférer éventuellement l'existence d'espèces nouvelles. Cette métagénomique, encore appelée « génomique environnementale » a déjà permis d'entreprendre l'étude de l'énorme biodiversité du monde de l'infiniment petit qui peuple des écosystèmes complexes jusqu'alors peu étudiés.

Récemment, une étude européenne, menée par un consortium scientifique, MetaHIT[9], a montré tout le parti qui peut être tiré de la métagénomique pour analyser par exemple l'énorme complexité de la flore intestinale. Ces travaux dont une partie a été publiée dans la revue *Nature* révèlent que les 100 000 milliards de bactéries qui colo-

9. MetaHIT, pour Metagenomics of Human Intestinal Tract. Le consortium regroupe des chercheurs du CED, du CNRS, de l'université d'Évry, de l'Institut Mérieux et du groupe Danone ; il est animé par S. Dusko Ehrlich, chercheur à l'INRA, de grande renommée.

nisent nos intestins peuvent, en réalité, être réparties en trois grands groupes appelés « entérotypes ». Ils sont nommés en fonction de la famille microbienne prédominante.

La répartition de ces « entérotypes » peut être modifiée au cours de pathologies telles que le diabète, l'obésité ou les maladies inflammatoires de l'intestin. Néanmoins, cette répartition est indépendante de l'âge et de l'origine géographique des personnes. Ces travaux qui n'en sont qu'à leurs débuts et qui devraient permettre de repérer, en fonction des entérotypes, certains risques importants en matière de santé, ont fait suite à l'étude du métagénome de la flore intestinale humaine. Il s'agit d'un métagénome gigantesque : les 100 000 milliards de bactéries comprenant un équivalent de 3,3 millions de gènes, soit

Encadré 4
Un exemple de génomique populationnelle

Un autre exemple remarquable de cette génomique populationnelle est fourni par les travaux du groupe de Craig Venter portant sur la biodiversité du milieu océanique. Ils concernent, en l'occurrence, la mer des Sargasses ! En effet, les microbes des milieux marins sont généralement présents à des densités très élevées, correspondant à plusieurs milliards de cellules par litre. Ils se multiplient avec un taux de doublement de quelques jours et sont d'ailleurs éliminés à des taux élevés par des parasites viraux et des prédateurs appartenant au groupe des protistes. Or cette riche diversité génomique et son devenir ont des effets globaux sur les flux d'énergie et de matière du milieu marin, sur les cycles biogéochimiques, sur la composition de l'atmosphère terrestre et l'évolution des climats. D'où l'importance qui s'attache à ces travaux de métagénomique marine, lesquels fournissent également aujourd'hui des indications précieuses sur la variété du milieu planctonique et sur la diversité des communautés microbiennes en relation avec la profondeur relative des strates océaniques (métabolismes du carbone, bioénergétique, adhésivité et degré de motilité, ou encore, interaction microbes-virus...).

cent cinquante fois plus que le nombre de gènes présents dans nos propres cellules (lequel est estimé à environ 25 000 !).

D'une manière générale, outre les informations précieuses que nous procure désormais cette métagénomique sur les populations des écosystèmes les plus divers, révélant parfois l'existence d'espèces bactériennes aux propriétés métaboliques inattendues[10], une conclusion se dégage de ces études : *sans doute guère plus de 1 % des espèces microbiennes existant dans notre biosphère ont été décrites jusqu'ici.*

Comment se forment de nouvelles espèces ? La vision des biologistes du développement

Nous avons évoqué divers aspects de la biodiversité, mais une question centrale demeure, celle des *mécanismes* de la spéciation : comment se forme une nouvelle espèce à partir d'espèces préexistantes ?

Les classifications d'inspiration généalogique suscitées par les travaux de Darwin postulent que les diversifications conduisant à la formation d'un clade font intervenir la sélection naturelle (voir chapitre III). Toutefois, les mécanismes ainsi mis en jeu qui procurent des avantages « sélectifs » à tel ou tel organisme vivant (par exemple en ce qui concerne sa résistance aux pathogènes, sa reproduction, etc.) ne sont pas en eux-mêmes, et « au départ », générateurs de diversité. Ils en exploitent avantageusement les conséquences en fonction de nombreux

10. Par exemple, les bactéries intervenant dans la production de l'azote atmosphérique du genre Anamox (Strous *et al.*, 2006).

contextes liés à l'environnement physico-chimique (température, hygrométrie, nutriments, etc.) ou biologique (interactions et compétitions au sein du monde vivant).

Ce sont les mutations qui sont, en revanche, sinon toujours, du moins fréquemment génératrices de diversité, en modifiant par exemple les constituants protéiques, dont elles peuvent changer la stabilité, les propriétés catalytiques et même la fonction physiologique. Le néodarwinisme a précisément permis d'associer un mécanisme générateur de diversité (les mutations) à un mécanisme de sélection opérant au niveau du phénotype. Comme toutes les mutations ne conduisent pas pour autant, tant s'en faut, à des espèces, ni même à des sous-espèces, races, souches, ou variétés nouvelles, ce problème a conduit les biologistes à rechercher si certaines mutations n'avaient cependant pas, à cet égard, un rôle particulier.

On a, par exemple, fait appel à la notion de « saltation », c'est-à-dire de changements génétiques conduisant à des « sauts » morphologiques, ou physiologiques, caractéristiques du « passage » à une espèce nouvelle (c'est-à-dire à un ensemble d'individus interféconds). On s'est naturellement tourné vers la recherche d'une catégorie de gènes susceptibles, par leur mode d'action, d'exercer des effets globaux, à la fois sur d'autres gènes et, partant, sur des propriétés phénotypiques *générales* (morphologie, physiologie, développement). Les « gènes régulateurs » répondent à cette caractéristique de hiérarchisation, mais les effets qu'exercent nombre d'entre eux sur d'autres gènes (gènes dits de « structure ») sont le plus souvent réversibles : ils n'engagent pas, ou pas toujours de façon décisive, le développement proprement dit.

Sans vouloir nous étendre plus avant, et en résumant beaucoup les choses, les réponses sont venues de la *biologie du développement* (Le Douarin, 2000 ; Hourdry, 1998). Plus précisément, elles ont été inférées à partir de la découverte d'une catégorie de gènes aux propriétés remarquables : les *gènes homéotiques*. Ces gènes[11] sont ainsi dénommés car ils sont responsables d'un phénomène étrange décrit sous le nom d'« homéosis » en 1897 par Bateson, trois décennies après la publication de l'œuvre célèbre de Darwin, *De l'origine des espèces*. Bateson a, en effet, observé chez la mouche drosophile des « variants » chez lesquels se produisent des changements affectant, de façon spectaculaire, la *forme du corps*. Soit il s'agit du nombre de pattes, d'ailes, de segments, soit de véritables *transformations d'une structure en une autre*. Par exemple, une paire d'ailes est présente au niveau du thorax de la mouche à la place des pattes ou une paire de pattes peut être observée à la place des antennes. Les mutations responsables de ces transformations affectent des gènes dits « homéotiques », gènes étroitement liés, alignés sur le même chromosome et qui ont dû apparaître au cours de l'évolution par duplications successives d'un gène ancestral.

Lewis a postulé que, chez les formes ancestrales d'insectes, une batterie de quelques gènes contigus déterminait des *segments* du corps de l'insecte, lesquels, à l'origine, devaient être tous semblables, chaque segment étant muni, par exemple, d'une paire de pattes. L'évolution aurait entraîné des duplications de ces gènes, puis des mutations auraient provoqué des changements dans l'« identité » de certains segments conduisant à la morphologie actuelle des insectes telle qu'observée par exemple chez la drosophile. De très

11. Ces gènes ont été découverts, dès 1915, par C. B. Bridges. Ils ont fait l'objet de recherches très étendues dans le laboratoire de E. B. Lewis à partir de 1948, puis dans celui de W. J. Gehring.

nombreux travaux ont été consacrés, par la suite, au dénombrement, à la localisation ainsi qu'à la fonction morphogénique de ces gènes dont la plupart ont été clonés, donc caractérisés.

On devine aisément en quoi l'existence des gènes homéotiques apparaît comme étant de nature à intervenir dans l'émergence de nouvelles espèces. En effet, elle explique, en premier lieu, comment ces gènes « architectes » confèrent aux diverses parties du corps leur identité morphologique, et ce d'autant plus que l'arrangement en « batteries de gènes contigus » se retrouve chez tous les eucaryotes multicellulaires, homme compris. En second lieu, l'emplacement relatif de ces gènes au sein des batteries formées par leur alignement au niveau du chromosome correspond à celui des différentes parties du corps : segments chez les insectes ; somites, vertèbres, etc. chez les vertébrés. De surcroît, ces complexes de gènes liés les uns aux autres fonctionnent de manière physiologiquement intégrée : ils « communiquent » entre eux, grâce à des facteurs de transcription, agissant au niveau de courtes séquences réceptrices (« homéoboîtes ») présentes sur chacun des duplicats. Certes, comme le fait remarquer Nicole Le Douarin, la construction effective des différentes parties du corps met en jeu d'autres mécanismes de « différenciation » très complexes où interviennent de multiples gènes de développement et leurs produits. *Néanmoins, l'idée selon laquelle ces « gènes architectes » se sont eux-mêmes diversifiés au cours de l'évolution à la suite de duplications suivies de mutations a une résonance évolutive manifeste. En effet, la mutation d'un de ces éléments du complexe peut entraîner des spécificités* favorisant l'apparition d'espèces nouvelles, lorsque les particularités morphologiques consécutives à la mutation confèrent un avantage sélectif. Ainsi, la biologie du développement apporte-t-elle des éclairages nouveaux à l'évolution des espèces et à la systématique. Ce champ nouveau qui s'ouvre par le rapprochement de la systématique évolutive et de la biologie du développement (que, dans leur jargon, les spécialistes dénomment familièrement « évo-dévo ») est aujourd'hui l'objet d'intenses recherches[12].

Encourager la recherche concernant la biodiversité

Ainsi que nous avons tenté de le montrer à travers les chapitres précédents, la biochimie comparée (celle des acides nucléiques et des protéines), la biologie du développement et, plus récemment, la génomique ont permis d'importants progrès dans le domaine d'étude de la biodiversité. Ces avancées scientifiques concernent des aspects variés de la problématique : recensement des espèces, classification, mise en évidence parfois de nouveaux règnes (tel celui des archées), mais aussi, et surtout, *étude des mécanismes moléculaires qui semblent avoir été mis en œuvre au cours de l'évolution dans la diversification des espèces (duplication de gènes, voire de grands segments génomiques ou de génomes entiers, suivie souvent de rectification, c'est-à-dire d'élimination du matériel génétique en surplus ; mutations affectant des gènes de développement, tels que les gènes homéotiques ; etc.).*

---

12. Pour une vue d'ensemble sur l'évolutionnisme aujourd'hui et l'importance qu'y revêt la biologie du développement, le lecteur pourra consulter l'excellente revue d'Armand De Ricqles (De Ricqlès, 2010).

Néanmoins, le nombre d'espèces inconnues (notamment parmi les arthropodes, mais aussi les bactéries, les virus, les agents parasitaires, etc.) demeure considérable. Par ailleurs, certaines parmi les espèces existantes sont menacées d'extinction accélérée liée, du moins pour partie, à des effets anthropogéniques. C'est pourquoi, à côté des multiples applications tirées de la biodiversité existante, qui sont nombreuses et méritent encouragement, *des efforts aux échelles nationale et internationale pour conserver, mais également protéger, les espèces existantes s'inscrivent au nombre des tâches prioritaires dévolues au monde contemporain.*

CHAPITRE VI

Les premiers hommes

De la génomique à la paléoanthropologie

Comme le lecteur l'aura perçu, à travers les données concernant la biodiversité, la génétique est désormais irremplaçable lorsque l'on cherche à reconstituer les multiples filiations établies au cours de l'évolution des espèces. Elle a notamment fourni, grâce aux études comparées dues à Carl Woese et à ses collaborateurs, une vision nouvelle des grands sous-ensembles du monde vivant, notamment depuis la découverte des archées (voir aussi chapitre II).

S'il est également un autre domaine de recherche où elle est en passe de nous apporter des révélations extrêmement précieuses concernant l'histoire même de la vie, c'est bien celui qui touche à l'hominisation. Certes, les paléontologues n'ont pas attendu l'essor de la biologie moléculaire et de la génétique pour se mettre sur les traces des premiers humains dont nous sommes les descendants. Les fouilles auxquelles ils se sont livrés, dans toutes les parties du monde, la morphologie comparée des restes fossiles, leur datation (grâce au carbone 14), tout cela a permis de tracer les grandes lignes de l'évolution humaine. Nous « cernons » de mieux en mieux celle-ci et découvrons que, loin d'avoir suivi une progression linéaire, elle a comporté des ramifications nombreuses, parfois sans lendemain ! De là à dire que la paléoanthropologie nous livre toujours des certitudes ou bien répond toujours à certaines questions lancinantes, telles que l'émergence du langage et des facultés cognitives, on serait sans doute en peine de l'affirmer.

De son côté, la génétique et surtout les techniques modernes se rattachant à la génomique (étude des séquences chimiques du matériel héréditaire) apportent aujourd'hui certains éclairages tout à fait saisissants, mais ne peuvent nous livrer, seules, les clés des origines de l'homme « moderne », sans s'appuyer elles-mêmes sur les observations et découvertes des paléontologues. C'est pourquoi les approches de la paléoanthropologie classique et de la génétique vont, sans doute, devenir indissociables. Nous allons examiner ici deux illustrations récentes de ce que permet d'explorer la génétique dans l'étude de l'hominisation. La première concerne la « cohabitation » entre l'homme de Neandertal et *Homo sapiens* ; la seconde a trait à l'origine du langage, même s'il est exagéré de prétendre qu'elle en fournit l'explication…

Neandertal et Homo sapiens

Avant de commenter les travaux très récents concernant le sujet, travaux dus, pour une large part, au laboratoire du généticien Svante Pääbo à Leipzig, examinons très brièvement ce que nous ont révélé, depuis ces quatre ou cinq dernières décennies, les études effectuées par les paléontologues sur les « préhumains » et sur les représentants du genre *Homo*.

UN BREF RAPPEL SUR NOS ORIGINES : PRÉHUMAINS ET HUMAINS

La reconstitution de l'arbre généalogique décrivant la bifurcation entre les primates, les premiers préhumains et les humains est loin d'être chose aisée. Elle n'en continue pas moins de se préciser à mesure que de nouveaux fossiles sont découverts. De façon très simplifiée, la bifurcation entre préchimpanzés et préhumains se serait produite il y a 8 à 10 millions d'années à la suite, selon certains paléontologues, de l'effondrement de la vallée du Rift en Afrique.

Les premiers restes de préhumains découverts par Michel Brunet, au Tchad, remontent à environ 7 millions d'années. Il s'agit d'un bipède, sans doute encore arboricole, baptisé « homme de Toumaï », d'après le nom d'un lieu du Sahel, ou bien *Anthropus tehadeusis*. Bien que grimpant aux arbres, il n'en est pas moins un bipède permanent.

Il y a 4 millions d'années apparaissent les premiers hominidés à bipédie *exclusive*. Il s'agit des australopithèques, dont de nombreuses espèces ont été identifiées, notamment en Éthiopie : *Ardipithecus ramidis*, *Australopithecus anamensis*, *Australopithecus afarensis*. Ces espèces s'échelonnent, selon les données de datation, entre 4,4 et 3,8 millions d'années avant notre ère. La célèbre Lucy, nom donné par Yves Coppens (Coppens, 2008 ; 2009) à une australopithèque qu'il a découverte en 1974 et dont il a étudié, avec grande précision, tous les paramètres morphologiques, serait un peu plus « récente » (environ 3,2 millions d'années) et appartiendrait à l'espèce *Australopithecus afarensis*. Les australopithèques sont souvent des herbivores ; leur capacité crânienne demeure modeste (430 à 550 cm^3).

Les premiers représentants de l'espèce humaine proprement dite (appartenant au genre *Homo*) sont nés en Afrique, il y a environ 3 millions d'années. Ils sont représentés par deux espèces sans doute contemporaines : *Homo habilis* et *Homo rudolfensis*. Ces premiers « humains » perfectionnent la taille des pierres pour en obtenir des outils plus ou moins « sophistiqués ». Leur volume cérébral, quelque peu supérieur à celui des australopithèques, est compris entre 600 et 700 cm^3. Ils deviennent mangeurs de viande. Très rapidement, ils se sont déplacés, couvrant, d'après l'étude des squelettes fossilisés, de très longues distances, se propageant jusqu'en Eurasie, qu'ils semblent avoir atteinte il y a environ 2 millions d'années, avant de se déployer beaucoup plus tard jusqu'à Pékin, puis au Proche-Orient.

Un autre « humain » *Homo ergaster* (qui vivait en Afrique il y a 1,8 à 1 million d'années avant notre ère) a cohabité avec *Homo habilis*.

Homo erectus appartient à une espèce d'hominidés découverte à Java. Les chercheurs en situent le peuplement entre 1 million et 300 000 ans. Cet *Homo erectus* a laissé des restes fossiles en Afrique, en Syrie et en Indonésie, où il subit sans doute un processus de nanisme, comme c'est souvent le cas des espèces humaines (et animales) évoluant en milieu insulaire[1]. On en a retrouvé des restes en 2003 au sein de l'île de Flores. Il y aurait vécu entre 95 000 et 12 000 ans, avant de disparaître.

Toutefois, l'un des événements, sans doute le plus marquant, de l'évolution humaine a été la différenciation d'Homo erectus, *il y a entre 440 000 et 270 000 ans, en deux rameaux :* Homo neandertalensis, *l'homme de Neandertal, et*

1. C'est en effet le constat fréquent des anthropologues. La raison n'en est pas claire. Peut-être est-elle liée à une raréfaction de certains aliments et/ou à l'endogamie.

Homo sapiens. L'homme de Neandertal a vécu en Europe et en Asie occidentale. On en situe l'existence entre 300 000 et 28 000 ans, époque à laquelle il disparaît. Quant à *Homo sapiens*, il est d'abord apparu en Afrique avant de se déployer au Moyen-Orient et en Europe, entre 80 000 et 50 000 ans avant notre ère[2].

RENCONTRE DE NEANDERTAL ET DE *HOMO SAPIENS*

C'est au Proche-Orient que se rencontrent les hommes de Neandertal et les *Sapiens*, ces derniers étant considérés comme les ancêtres et véritables représentants de l'homme « moderne ». Cette rencontre s'est produite il y a environ 50 000 ans. Les néandertaliens y vivaient avant l'arrivée des *Sapiens*, dans des grottes où ont été retrouvés de nombreux restes ; puis *Homo sapiens* est arrivé à son tour et a commencé à peupler les mêmes habitats. On possède, à cet égard, des indications selon lesquelles les deux espèces ont occupé les mêmes grottes (par exemple, la grotte de Tabun en Israël). Les deux communautés utilisaient les mêmes types d'outils et chassaient le même gibier.

Comment se présentaient les néandertaliens, nos cousins les plus proches, avec lesquels s'est établie cette longue cohabitation, mais qui ont fini par disparaître, puisque les dernières traces que l'on a pu en recueillir remontent

2. On peut donc dire, en résumé, citant à nouveau Yves Coppens que « l'homme est né en Afrique, il y a 3 millions d'années ou presque. À partir de son berceau il se déplace très vite, géologiquement parlant, et arrive en Europe, il y a 2 millions d'années au moins et là, isolé par les glaces, il se met à dériver génétiquement. L'homme de Tautavel (Pyrénées-Orientales) vieux de 450 000 ans, l'homme de la Sima de Los Huesos (Espagne) qui lui en accuse entre 300 000 et 500 000, annoncent déjà les néandertaliens » (Coppens, 2009).

à 28 000 ans avant notre ère ? Écoutons à ce sujet le paléontologue Yves Coppens qui leur a consacré de nombreux ouvrages : « L'homme de Neandertal n'est (en effet) pas tout à fait comme nous : il est plus petit, avec des jambes et des avant-bras plus courts, il est aussi plus trapu, il a une cage thoracique “en tonneau”, une grosse tête plus longue que haute, pas de front, pas de menton et de fortes arcades au-dessus des orbites. Neandertal est né en Europe quand le développement des glaciers a isolé le continent européen. Coupée des autres populations humaines, la population d'*Homo erectus* qui s'y trouvait a subi en effet une dérive génétique : au lieu d'évoluer vers la forme *Homo sapiens,* comme en Asie ou en Afrique, elle a abouti à cette espèce très particulière d'humanité : Neandertal. » (Coppens, 2009.)

Selon le généticien Svante Pääbo, le début de cette dérive génétique, subie par *Homo erectus* et qui aurait conduit à l'espèce Neandertal, se serait produit il y a environ 315 000 ans. Se fondant sur l'étude de l'homme de Tautavel (dont les restes, vieux de 450 000 ans, ont été découverts dans les Pyrénées-Orientales) et sur ceux de l'homme de Sima de los Huesos (présent en Espagne entre 500 000 et 350 000 ans avant notre ère), les premiers signes de « néandertalisation » pourraient cependant être plus anciens[3].

3. On a longtemps pensé que l'homme de Neandertal était, en quelque sorte, un hominidé totalement dépourvu d'intelligence, au comportement très peu évolué par rapport à celui d'*Homo sapiens*. Or des recherches très récentes ont mis au jour, chez des néandertaliens vivant en Espagne il y a environ 50 000 ans, des coquillages colorés et percés, servant peut-être de parures et ornés de figures symboliques assez voisines de celles reproduites par les représentants d'*Homo sapiens*. De surcroît, l'équipe d'Amanda Henry (Centre d'études des hominidés, Washington), en analysant le tartre accumulé sur des dents provenant de plusieurs néandertaliens, a pu établir que ces derniers n'étaient pas que des carnivores, mais qu'ils consommaient plusieurs variétés de céréales et même qu'ils avaient déjà recours à la cuisson pour certaines d'entre elles.

La coexistence, pendant des milliers d'années, de néandertaliens et des représentants de l'espèce *Sapiens* a soulevé et continue de soulever toute une série de questions : y a-t-il eu des croisements directs entre les deux espèces ? Dans quelle mesure leurs génomes sont-ils comparables ? Peut-on déduire de leur analyse certaines conclusions relatives à l'existence de gènes particuliers (ou de variations génétiques) qui distingueraient l'espèce à laquelle nous appartenons, d'espèces très voisines ayant disparu ? Possède-t-on des données relatives aux causes de la disparition de Neandertal ? La génétique est venue très récemment apporter un certain nombre de réponses à ces questions.

LA GÉNÉTIQUE DE L'HOMME DE NEANDERTAL

Parmi les travaux récents consacrés à la génétique de Neandertal, figurent ceux que le groupe de Catherine Hanni, directrice de recherche à l'IGFL, l'Institut de génomique fonctionnelle de Lyon, a effectués sur l'ADN mitochondrial provenant d'une dent récoltée dans la grotte de Seladina en Belgique (Orlando *et al.*, 2006). De leur étude, les chercheurs ont pu conclure que l'espèce Neandertal s'était diversifiée de façon marquée dans plusieurs régions de l'Europe (Belgique, France, Europe centrale). L. Orlando, de l'IGFL, cosignataire de l'équipe dirigée par Svante Pääbo à l'Institut Max Planck de Leipzig, et ses collègues ont pu montrer que Neandertal avait atteint la Sibérie, c'est-à-dire 2 000 kilomètres plus à l'est qu'on ne le pensait. Et cela grâce à l'étude d'ADN prélevé à partir d'un os vieux de 30 000 à 38 000 ans. Mais les résultats les plus marquants sont à mettre à l'actif du groupe animé par S. Pääbo, lequel *est parvenu à établir une première version étendue de la séquence génomique de l'espèce Neandertal et à comparer cette séquence avec celle provenant de nos contemporains !*

Avant d'examiner les principales conclusions de ces recherches, précisons que celles-ci représentent (il convient de le souligner) une véritable prouesse technique ! L'ADN extrait des restes fossiles de Neandertal (en l'occurrence, les os de trois femelles Neandertal qui vivaient en Croatie il y a plus de 80 000 ans) est à la fois très fragmenté et fortement contaminé par de l'ADN bactérien ainsi que par celui pouvant provenir de personnes ayant manipulé les échantillons. *Les chercheurs n'en sont pas moins parvenus à « séquencer » l'équivalent de 3 milliards de nucléotides de l'ADN nucléaire néandertalien.* Ils ont comparé ce génome composite avec les génomes complets issus de cinq de nos contemporains provenant de diverses parties du monde (Afrique du Sud, Afrique de l'Ouest, Nouvelle-Guinée, Chine, Europe).

La conclusion qu'ils en ont tirée est que *les Européens et les Asiatiques vivant aujourd'hui partagent avec les néandertaliens de 1 à 4 % de leur ADN nucléaire en ce qui concerne la séquence chimique de leurs génomes, et que tel n'est pas le cas des Africains.*

Les chercheurs ont également établi que les néandertaliens partageaient davantage de traits polymorphes (type SNP's, Single Nucleotide Polymorphisms*)*[4] *avec les Européens et les Asiatiques qu'avec les Africains. Ils avancent donc l'hypothèse*

4. Chaque être humain comporte, en effet, dans son génome, des « signatures » à savoir des particularités discrètes qui le distinguent de tous les autres humains. En plus de certaines mutations, au demeurant assez rares, ces particularités peuvent être liées à la distribution d'éléments répétitifs (satellites) à la présence de duplications géniques ou encore à ce que l'on dénomme des « polymorphismes de séquence ». Ces derniers se manifestent par le changement d'une base nucléique par une autre dans la séquence de l'ADN génomique, une telle variation se produisant en moyenne tous les 1 000 nucléotides.

(que certains considèrent comme clairement étayée) selon laquelle la population néandertalienne se serait croisée davantage avec les ancêtres des Européens et des Asiatiques qu'avec les Africains. De tels « croisements » se seraient produits avec les représentants de l'espèce *Sapiens après que ces derniers ont quitté l'Afrique, la rencontre ayant eu lieu au Moyen-Orient*, il y a environ 100 000 ans. Cela expliquerait que le génome des Européens et des Asiatiques vivant aujourd'hui inclut encore des motifs de séquences génomiques issus de Neandertal[5].

Mais il y a plus ! Les études comparées, réalisées par le groupe de scientifiques autour de S. Pääbo ainsi que celles effectuées par le généticien Rasmus Nielsen de (Université de Californie, Berkeley) – lequel s'est lui aussi intéressé aux variations génétiques – ont également conduit à caractériser les *gènes* qui ont été les cibles des plus importantes substitutions de nucléotides lorsque l'on compare le génome humain actuel et celui de Neandertal : il s'agit donc, en toute vraisemblance, de gènes présents chez tous les humains aujourd'hui et *qui ont dû évoluer par mutations à partir de gènes voisins qui existaient chez les néandertaliens*. Ces gènes, dit S. Paäbo dans une formule lapidaire, « ont probablement contribué à façonner l'homme moderne ».

Leur intérêt émane précisément du fait qu'ils sont en nombre limité : ils codent des protéines exprimées dans la peau, les glandes sudoripares, l'enveloppe interne de la racine des cheveux ou la pigmentation de l'épiderme.

5. On ne peut cependant pas écarter définitivement une autre interprétation, à savoir que les motifs génétiques de type Neandertal trouvés dans le génome d'*Homo sapiens* représenteraient des variants génétiques très anciens que néandertaliens et certains humains « modernes » auraient hérités d'un ancêtre commun ayant existé *avant* la divergence généalogique « Neandertal-*Sapiens* », il y aurait donc plus de 400 000 ans.

Certains interviennent également dans la cicatrisation des blessures, dans les mouvements flagellaires des spermatozoïdes. D'autres sont impliqués aujourd'hui dans le diabète de type 2 (et ont donc peut-être joué un rôle dans l'évolution du métabolisme énergétique). Des mutations ont également été mises en évidence dans des gènes ayant un rôle important au cours du développement des facultés cognitives (on les trouve associées aujourd'hui à des manifestations pathologiques du système nerveux : syndrome de Down, schizophrénie), ou du développement de la cage thoracique[6].

Ces observations pourraient donc être de nature à livrer certaines clés permettant de comprendre comment aurait émergé, génétiquement parlant, le rameau *sapiens* auquel nous appartenons ! C'est là, à coup sûr, une hypothèse à considérer avec beaucoup de prudence, comme le font d'ailleurs les auteurs de ces recherches, lesquels s'emploient précisément à approfondir les rôles physiologiques des gènes qui diffèrent chez les humains « modernes » et chez les néandertaliens. On n'en mesure pas moins, à travers les lignes qui précèdent, les nombreux acquis, mais aussi les perspectives de la paléoanthropologie en relation avec les nouvelles techniques dérivées de la génomique.

---

6. Il s'agit des gènes RPTN et TRPM1 (peau, glandes sudoripares, cheveux, pigmentation de l'épiderme) ; THALDA (diabète de type 2) ; DYRK1 (syndrome de Down) ; NRG (schizophrénie) ; CADP52-AUT52 (autismes), RUNX2 (malformations de la clavicule et RUNX3 de la cage thoracique) ; SPAG17 (battements flagellaires des spermatozoïdes).

Le gène FOXP2 et les hypothèses sur l'évolution du langage

Pourquoi les humains parlent-ils[7] ? Pourquoi sont-ils les seuls du règne animal à posséder cette faculté exceptionnelle sans laquelle les processus de conceptualisation propres aux facultés cognitives supérieures d'*Homo sapiens* n'auraient pu elles-mêmes se développer ? Il est bien connu que l'acquisition du langage par l'homme a fait intervenir, outre les différenciations au niveau cortical, de nombreux changements anatomiques au cours de l'évolution, tels ceux concernant les voies supérieures du larynx ou les cavités nasales ainsi que le développement de certains muscles oro-faciaux. *Néanmoins, cette acquisition des capacités linguistiques est-elle associée à des changements spécifiques survenus dans le génome des primates supérieurs au cours de l'évolution ?* Plus généralement parlant, que sait-on des relations entre les particularités du génome humain et l'aptitude au langage ?

L'histoire de la découverte du gène FOXP2 et les interprétations concernant son rôle possible dans le développement du langage, au cours de l'évolution de l'homme, ont suscité de nombreux débats, tant chez les biologistes que dans la presse. Ces débats, au sujet de ce que l'on a parfois considéré comme le « gène du langage », se poursuivent encore aujourd'hui, souvent avec acuité.

---

7. Certains auteurs distinguent, à vrai dire, langage et parole (voir Dehaene-Lambertz, 2004, p. 2 – rubrique inspirée de l'article de Marcus et Fisher, 2003, p. 257), la parole dépendant de plusieurs effecteurs majeurs (bouche, langue, etc.) et le langage reflétant notre capacité de communiquer des informations structurées suivant des règles ou grammaires.

Le point de départ des recherches (et des spéculations) concernant ce gène a été marqué par des observations effectuées, il y a une vingtaine d'années, sur une famille anglaise (la famille KE) présentant, depuis trois générations, des difficultés dans l'expression verbale, affectant près de la moitié de ses membres. Les symptômes observés consistaient en la tenue d'un langage incompréhensible avec défaut sévère d'articulation des mots et en d'autres défauts linguistiques assortis de certains problèmes cognitifs et physiques. En étudiant la généalogie de cette famille et les modalités de transmission héréditaire de ce symptôme, on a pu en déduire que ces manifestations devaient résulter d'une mutation monogénique à caractère autosomique dominant[8]. Des études plus approfondies ont été réalisées, quelques années plus tard, en comparant, au sein de cette même famille, les personnes présentant cette affection et des membres non affectés. Parmi les symptômes observés chez les personnes atteintes figuraient des dysfonctionnements concernant l'utilisation des règles grammaticales, la compréhension des phrases de structure complexe comprenant des subordonnées, l'incapacité à proférer un langage intelligible ainsi que des difficultés dans les mouvements de la lèvre supérieure. Le quotient intellectuel des membres de la famille chez qui ces troubles furent observés était en moyenne un peu inférieur à celui des membres qui en sont exempts (valeur moyenne du QI non verbal : 86 contre 104 chez les témoins).

Vers la fin des années 1990, d'importantes avancées ont été réalisées en ce qui concerne tant certaines manifestations neuroanatomiques du « syndrome KE » que

---

8. « Autosomique » signifie que la mutation affecte un chromosome distinct des chromosomes sexuels (X ou Y). « Dominant » signifie que son effet s'impose, même si le chromosome hérité de l'autre parent ne présente pas la mutation.

l'identification du gène impliqué et de la mutation dont il est le siège. Il a en effet été observé que le cerveau des sujets affectés présentait des anomalies de type anatomique et fonctionnel, avec une réduction bilatérale dans la taille du noyau caudé[9], couplée à une suractivité (mesurée par PETscan) du noyau gauche au cours de l'expression verbale et à une diminution de l'aire de Broca[10].

Au plan génétique, on est parvenu à localiser le gène affecté sur le chromosome n° 7 (7q31), puis à l'identifier. Il appartient à une assez grande « famille » de gènes dont les protéines ont en commun de partager un domaine de « reconnaissance » particulier, baptisé *forkhead* (« tête de fourche ») ou encore *winged helix*, qui leur permet de se fixer sur certains « promoteurs[11] » et d'activer ainsi les gènes qui sont sous leur commande. La famille de gènes caractérisés par le domaine *forkhead* ayant déjà été décrite il y a quelques années sous le nom de « FOX », le gène particulier, siège de la mutation entraînant le syndrome KE, a été dénommé FOXP2. *Il s'agit donc en définitive d'un gène régulateur codant pour un facteur de transcription nécessaire à l'expression d'un certain nombre d'autres gènes qui*

9. Il s'agit d'une région du cerveau qui est impliquée dans la coordination motrice et qui intervient dans l'information neuronale dirigée vers le lobe frontal.

10. L'aire de Wernicke est une partie du cerveau humain localisée à l'intersection du lobe temporal et du lobe pariétal, proche du cortex auditif primaire (zone de Heschl). L'aire de Broca est l'une des deux principales zones du cerveau humain responsables du traitement du langage. Découverte par le médecin français éponyme Paul Broca en 1861, elle est située dans le cortex cérébral au niveau de la partie inférieure (ou « pied ») de la 3e circonvolution frontale de l'hémisphère dominant (gauche chez un droitier). L'aire de Broca est la zone de production des mots parlés alors que l'aire de Wernicke est responsable de la compréhension de ces mots.

11. Comme l'ont établi F. Jacob et J. Monod, il existe sur l'ADN des séquences appelées « promoteurs », jouxtant les gènes et servant de sites de *démarrage* de leur copiage en ARN messager, donc de leur fonctionnement. On les désigne parfois du nom de séquences régulatrices.

se trouvent sous sa dépendance. Lorsque le produit du gène FOXP2 (le facteur de transcription) devient inactif, il en résulte toute une série de conséquences physiologiques entraînant des anomalies dans le développement du cerveau, en particulier au niveau du langage.

On s'est efforcé de préciser la partie de la séquence du gène FOXP2 qui se trouvait modifiée. On a pu montrer que le gène affecté dans la famille KE présentait une mutation ponctuelle au niveau de l'exon 14[12], entraînant le changement d'une guanine (G) en une adénine (A) de sorte que le facteur protéique correspondant comporte un résidu « histidine » à la place d'une « arginine », ce qui le rend inactif. Cette mutation ponctuelle se retrouve chez tous les membres de la famille KE souffrant des troubles du langage, mais ne s'observe pas chez les membres non affectés.

Si le gène FOXP2 a joué un rôle important au cours de l'évolution, en ce qui concerne l'acquisition du langage articulé au sein de l'espèce humaine, les études comparatives de ce même gène *chez les animaux* devaient présenter un intérêt considérable. On a donc recherché ce qu'il en était chez les grands singes et au sein d'espèces humaines ayant existé avant l'apparition d'*Homo sapiens*. Or, qu'il s'agisse de notre propre espèce aujourd'hui, du chimpanzé, du gorille ou du singe rhésus, mais aussi, à une autre échelle évolutive, de la chauve-souris, des oiseaux, des poissons, des abeilles et d'organismes du règne végétal tels que les champignons, on retrouve un

12. Exon-14. Rappelons que les gènes des organismes supérieurs (eucaryotes), contrairement à ceux des bactéries, par exemple, sont « morcelés ». Ils comprennent des segments d'ADN codants – c'est-à-dire déchiffrables par la cellule en segments partiels de protéine –, segments d'ADN appelés « exons », reliés entre eux par d'autres segments non codants, appelés « introns ». C'est le mécanisme d'épissage qui permet en définitive l'accolement fonctionnel des copies d'ARN provenant des exons.

gène FOXP2 globalement identique, comportant plusieurs exons, gène dont le produit d'épissage majoritaire est une protéine comportant 715 acides aminés. *Toutefois, la protéine FOXP2 de l'homme diffère de celle du gorille, du chimpanzé et du rhésus macaque au niveau de deux acides aminés, résultat de substitutions nucléotidiques qui se seraient produites lors de la séparation du lignage « chimpanzé » et du lignage « humain » il y a au moins 6 millions d'années. La lignée humaine cumule deux substitutions d'acides aminés (codées par l'exon 7) : l'asparagine au lieu de la thréonine (du chimpanzé) et la sérine au lieu de l'asparagine. On pense que la substitution asparagine-thréonine a été d'une grande importance fonctionnelle.* Quant à la souris, sa protéine FOXP2 diffère de celle des grands singes par une seule substitution (l'acide glutamique chez la souris, au lieu de l'acide aspartique chez le gorille et le chimpanzé), ce qui représente donc trois substitutions dans la séquence en amino-acides par rapport à nous. *Certains auteurs ont donc avancé l'hypothèse selon laquelle les changements ponctuels apparus au cours de l'évolution à la suite de mutations, dans la séquence en acides aminés de la protéine FOXP2 auraient joué un rôle critique dans l'acquisition du langage.*

Les équipes animées par Wolfgang Enard et Svante Paäbo se sont intéressées aux conséquences physiologiques et comportementales résultant de l'intégration d'une *version « humanisée » partielle du gène FOXP2 chez la souris*, c'est-à-dire en introduisant dans le génome d'une souris sauvage les deux substitutions génétiques observées chez l'homme ! Ils ont également comparé les comportements des souris sauvages chez lesquelles un des deux allèles du gène FOXP2 avait été inactivé à ceux des souris aux deux allèles FOXP2 partiellement « humanisés ». Les conclusions essentielles sont que, chez les souris aux allèles partiellement humanisés, on peut noter, par examen des audiogrammes, des « vocalisations » ultrasoniques plus graves que celles des souris témoins ! On constate également chez ces souris une augmentation de la plasticité synaptique, un allongement des dendrites et une diminution du taux de dopamine au sein des ganglions de la base[13] du cerveau dont on connaît l'intervention dans le langage humain. Enfin, des travaux dus au laboratoire de S. Paäbo, ont permis d'établir que le gène FOXP2 trouvé[14] chez l'homme de Neandertal comportait les mêmes substitutions nucléotidiques et les mêmes polymorphismes que ceux que l'on observe aujourd'hui au sein du lignage *Homo sapiens*. Faut-il en conclure qu'il possédait un langage articulé[15] ?

Que retenir de la longue et souvent complexe série de recherches concernant le gène FOXP2 ? Au plan positif, un fait remarquable demeure, à savoir qu'une mutation ponctuelle au sein d'une région définie d'un gène unique (le gène FOXP2) peut être à l'origine de troubles importants et héréditaires de la parole. De surcroît, ce gène présente chez les animaux proches de l'homme (que sont les singes supérieurs) des différences, certes très faibles, mais néanmoins significatives par rapport au gène humain. Cela pourrait-il expliquer que les animaux ne parlent pas ? Est-on en droit de conclure que FOXP2

---

13. Les ganglions de base sont des ensembles de neurones qui jouent notamment un rôle dans la « planification » des mouvements mais interviennent également dans la mémoire et le langage. Ces neurones sont à localiser au voisinage du noyau caudé et du putamen.

14. Par le procédé d'amplification génique, grâce à la méthode PCR, appliquée à de l'ADN prélevé à partir de restes fossiles.

15. Comme le relate un article du *Monde* (16 novembre 2010) au sujet de recherches américaines publiées dans le *PNAS* de la veille, *Homo sapiens* avait sans doute un développement plus lent que son ancêtre néandertalien, ce qui devait être propice à d'importants changements dans son cerveau, sans doute « au niveau des circuits et branchements cérébraux internes qui comptent le plus pour les capacités cognitives et l'émotion ».

serait, en quelque sorte, le gène du langage ou, tout au moins, qu'au cours de l'évolution et du passage de l'animal à l'homme, ce gène aurait subi des modifications le rendant entièrement responsable de l'acquisition de la parole articulée ?

Cette conclusion doit être accueillie avec grande prudence. Les commentateurs scientifiques contemporains penchent pour une interprétation selon laquelle les effets de la mutation observée au niveau de la parole dans la famille KE seraient très *indirects*. Ils seraient consécutifs à des anomalies anatomiques spécifiques telles qu'observées d'ailleurs dans le cerveau des personnes affectées, anomalies produites au cours du développement. D'autant que, ainsi qu'il convient de le rappeler, FOXP2 se présente comme un gène régulateur et que, comme tout gène de ce type, il tient donc sous son contrôle une série d'autres gènes. D'où la possibilité de nombreux effets « en cascades » ! Mais ce n'est peut-être pas là la seule clé explicative, la fin de l'histoire...

DEUXIÈME PARTIE

Des tournants majeurs dans l'étude du vivant au niveau moléculaire

Ainsi que nous avons tenté de l'illustrer dans la première partie de ce livre, certaines avancées en biologie moléculaire et en génomique fournissent de nouveaux, et parfois saisissants, éclairages sur des problématiques qui, de tout temps, nous interpellent. Ainsi en est-il des origines de la vie et des espèces, de la biodiversité, voire de certains aspects de l'hominisation. S'il fallait dégager le message principal qui en émane, on serait tenté de dire que l'analyse de la diversité du vivant, depuis les origines et des mécanismes de diversification des espèces, bénéficie grandement aujourd'hui des progrès considérables accomplis dans l'étude comparative des génomes. Tel est du moins le cas de nos connaissances relatives à l'apparition des principaux règnes phylogénétiques (avec l'exemple des archébactéries), de la spéciation, de l'étude renouvelée du micromonde bactérien (métagénomique) ou encore de la formation et du recensement des organismes supérieurs.

On est toutefois conduit à se demander si cette démarche, proprement analytique et comparative, quelque poussée qu'elle puisse être à l'échelle moléculaire (en particulier, à celle des génomes et de leurs séquences), représente la seule voie désormais empruntée par les biologistes pour comprendre le vivant dans sa complexité, tant sous l'angle de son évolution et de son développement (ontogenèse) que sous l'angle de son fonctionnement actuel. En d'autres termes, tout se résume-t-il aujourd'hui à la chasse aux gènes et à leurs comparaisons ? Est-ce là la seule préoccupation des biologistes ? Nous ne le pensons pas.

En effet, et quelque important que soit le recueil des données relatives aux séquences chimiques des gènes et des génomes, ces données n'ont de sens qu'au regard de la physiologie (de la cellule et de l'organisme entier), mais aussi du développement et des interactions avec le milieu. C'est là, d'ailleurs, qu'interviennent des disciplines comme la biologie du développement, l'endocrinologie, l'immunologie la neurobiologie. En outre, la biologie s'est enrichie aujourd'hui de *nouveaux concepts* et de *technologies nouvelles*, lesquels ne mettent plus seulement l'accent sur les seules démarches à caractère analytique, soit qu'ils fassent appel à une véritable « ingénierie modificatrice » du vivant, soit qu'ils tentent d'en appréhender la complexité en l'assimilant à un réseau théorique d'interactions, soit encore qu'ils renouvellent toute notre vision de la régulation, voire de l'information génétique.

Concernant les *nouvelles approches technologiques*, la chimie de synthèse et la bio-informatique ont ainsi pour ambition de « prendre le relais » de l'analyse moléculaire des génomes. Il est désormais, par exemple, possible de synthétiser chimiquement, de toutes pièces, des génomes entiers, ou des portions de génomes modifiés, que l'on tente de substituer aux génomes naturels de certains organismes. L'espoir lié à cette forme d'ingénierie est de mieux comprendre certains mécanismes clés de l'évolution et de déboucher sur de nouvelles applications biotechnologiques (ingénierie des biosystèmes). Quant à la bio-informatique, elle s'efforce de « mettre de l'ordre » dans l'analytique du génome : une véritable « biologie des systèmes » entreprend d'intégrer les multiples données issues de la génomique fonctionnelle, dans des réseaux théoriques interactifs, se prêtant à toutes sortes de simulations, afin de mieux comprendre la complexité du vivant et de prévoir en quelque sorte sa réactivité face à des stimuli divers.

Enfin, sur le plan général, de portée plus conceptuelle, se dessine, à l'issue de découvertes récentes, une « vision renouvelée » de ce que la biologie moléculaire entend généralement par « information » et « régulation » génétiques depuis *la mise en évidence d'un nouveau « monde biologique », celui des ARN non codants*. Désormais, certains biologistes estiment en effet nécessaire de revoir la conception même de « gène ». Si l'ADN fournit bien les codes d'assemblage qui permettent la formation des protéines (voire de certains ARN), en revanche son intervention dans la cellule, son « expression » ne sont pas seulement sous la dépendance de nombreuses protéines « régulatrices » ; elles sont également conditionnées par une multitude de transcrits-ARN, lesquels jouent un rôle clé dans la régulation des activités cellulaires à tous les niveaux et dans tous les règnes vivants.

Dans cette deuxième partie vont donc être évoquées ces nouvelles orientations dans l'étude moléculaire des organismes vivants que constituent la *biologie synthétique*, la *biologie des systèmes* et la *nouvelle biologie des ARN de régulation*.

CHAPITRE VII

La biologie synthétique : une nouvelle discipline au carrefour de la biologie et de la chimie

Premières tentatives de création artificielle d'« objets biologiques »

Ainsi que nous l'avons déjà évoqué dans l'introduction générale de ce livre, la biologie évolue très rapidement en s'appuyant souvent sur les technologies et sur des concepts qui caractérisent les autres disciplines scientifiques. La biologie moléculaire a beaucoup hérité de certaines idées générales émises par les physiciens[1], et si la génomique connaît l'essor contemporain que l'on sait, elle le doit en grande partie à la mise en œuvre d'appareillages physiques de haute résolution et à l'informatique qui ont permis d'accélérer le « séquençage » des génomes naturels. De même, l'informatique et les mathématiques sont en passe de servir de base au développement d'une biologie des systèmes (voir chapitre IX).

On assiste également, depuis une vingtaine d'années, à un fort courant d'intérêt de la part des chimistes contemporains pour la biologie et notamment pour la

1. Voir l'ouvrage prophétique du physicien E. Schrödinger, *What is Life ?*, 1945.

complexité des structures moléculaires qu'elle met en jeu. Cette complexité, comme, par exemple, celle de la vitamine B12, a posé un défi à la chimie moderne – défi relevé par Robert Burns Woodward et Albert Eschenmoser dans les années 1960, qui en ont réussi la synthèse complète. Il en a été de même pour la synthèse de la chlorophylle. Plus généralement, la chimie de synthèse porte aujourd'hui un intérêt croissant à la réactivité des systèmes biologiques dont l'organisation moléculaire, résultat d'une longue évolution, s'offre souvent comme un exemple de perfection au plan structurel, énergétique ou autre. Cette attitude et cet intérêt ont débouché sur des approches telles que la « chimie biomimétique », mise à l'honneur en France par Jean-Marie Lehn avec ses travaux sur les « crypstates » (prix Nobel en 1987), ou la chimie bio-inspirée, dont Marc Fontecave, avec ses recherches sur les hydrogénases, est un des grands artisans.

Mais, aujourd'hui, l'ambition est plus grande encore ! Il s'agit rien de moins que de reproduire synthétiquement, par voie chimique, des génomes entiers, cellulaires ou viraux, d'en créer de nouveaux porteurs de changements artificiels, adaptables aux desseins technologiques de l'homme, voire de fabriquer des ensembles chimiques artificiels *doués de propriétés mimant la vie* ; ainsi se forge une nouvelle discipline dénommée « biologie synthétique[2] ». Toutefois, avant d'illustrer, par des exemples, les tentatives qui s'en inspirent pour la création d'objets pseudo-vivants, arrêtons-nous sur certaines des réalisations qui ont abouti

2. *Biologie synthétique* est le titre d'un ouvrage paru en 1912 sous la plume de Stéphane Leduc, lequel cherchait (déjà) à reproduire les manifestations de la vie au laboratoire. Il utilisait à cette fin, des mélanges en solution comprenant, par exemple, des carbonates, phosphates et silicates. Puis le terme est apparu en 1978, dans un article du biologiste W. Szybalski (Szybalski, 1978).

à la synthèse *in vitro* de gènes ou de génomes entiers originaires de bactéries ou de virus.

Premières synthèses chimiques de gènes

La première synthèse chimique d'un ADN, ayant une fonction biologique définie, remonte à 1970. Elle fut l'œuvre de H. Gobind Khorana. Il s'agissait d'un ADN à double brin de 75 paires de bases correspondant à la séquence génétique d'un ARN de transfert, celui de l'*alanine* ($t\text{-}ARN_{ala}$) de levure. Le même auteur a publié, quelques années plus tard, la première synthèse chimique totale d'un gène de 207 paires de bases, gène fonctionnel codant pour un t-ARN suppresseur d'*E. coli*, le t-ARN suppresseur de la tyrosine. Ces travaux pionniers ont représenté une véritable performance si l'on songe au temps investi et au coût en personnel et en financement.

Dès le début des années 1980, les techniques permettant la synthèse chimique de courts enchaînements d'ADN (ou oligodéoxyribonucléotides) vont progresser très rapidement. La fabrication de tels oligodérivés de tailles comprises entre 15 et 80 nucléotides va connaître un très grand essor et une accélération considérable[3].

On est à même aujourd'hui de fabriquer chimiquement des gènes de taille respectable tel celui de la protéine de surface (MSP-1) de l'agent du paludisme, *Plasmodium*

---

3. La synthèse du $t\text{-}ARN_{ala}$, qui avait demandé des années d'efforts, peut être réalisée désormais en moins d'une semaine ! Les coûts relatifs ont également décru de façon spectaculaire : 0,39 dollar par base incorporée chimiquement dans un oligodéoxynucléotide de synthèse.

falciparum, qui représente un alignement de *près de 5 000 paires de bases* ! Mais les *techniques d'assemblage des oligo-déoxynucléotides en des polymères* de grande taille ont connu un tel développement que la synthèse chimique d'ADN d'importance biologique ne se limite plus à celle de gènes particuliers. Elle permet de fabriquer chimiquement aujourd'hui des *génomes complets*.

Des virus de synthèse

Ce sont principalement les génomes de plusieurs virus qui ont focalisé les plus nombreuses tentatives de synthèse chimique. La raison en est liée aux éclairages très importants que fournissent ces génomes synthétiques sur la physiologie des virus considérés et, notamment, sur leur pouvoir infectieux ainsi qu'aux perspectives offertes par ces approches à l'élaboration de nouveaux vaccins.

Parmi les réalisations les plus marquantes en ce domaine, on peut citer la première synthèse, en 2002, par le groupe d'Eckard Wimmer, de l'Université de Stony Brook aux États-Unis, d'un ADN de 7 500 paires de bases, correspondant au génome d'un organisme infectieux – en l'occurrence, le virus de la poliomyélite, un virus à ARN. Il s'agissait, plus précisément, d'un ADN viral complémentaire, de cet ARN viral ou, c-ADN[4]. Ce c-ADN, une fois transcrit *in vitro*, s'est révélé capable de produire un ARN viral infectieux, comme le génome naturel du virus !

4. c-ADN abréviation signifiant « ADN complémentaire ». On entend ainsi une copie *in vitro* de l'ARN en ADN fabriquée artificiellement par des enzymes.

Encadré 5
Reconstituer l'agent de la grippe espagnole en laboratoire !

Bien d'autres réalisations ont illustré, ces dernières années, l'intérêt biologique et potentiellement médical qui s'attache à la synthèse chimique de génomes viraux. Un exemple saisissant a résidé dans la reconstitution purement synthétique du virus de la grippe espagnole qui s'est révélée particulièrement meurtrière en 1918 (50 millions de morts). Cette reconstitution, à partir de fragments d'ARN viraux prélevés sur les restes de certaines victimes de cette époque, a permis de reconstituer un virus infectieux contenant des gènes provenant de l'agent de l'Influenza sévissant en 1918. On est alors parvenu à démontrer que l'extrême virulence de cet agent était due, pour une large part, aux gènes codant pour deux protéines particulières : l'hémagglutinine et la neuraminidase. Des constructions virales artificielles renfermant ces deux gènes ont révélé que, transférés chez la souris, ils stimulent les gènes murins impliqués dans la mort programmée de diverses cellules (apoptose), entraînant des troubles liés au métabolisme oxydatif au sein des tissus.
Des expériences complémentaires ont également établi que le « récepteur » de l'hémagglutinine, du virus de 1918, différait très sensiblement du récepteur reconnu par le virus actuel responsable de la grippe aviaire. Il est donc probable que l'hémagglutinine du virus de la grippe espagnole a dû jouer un rôle majeur dans la transmissibilité (et, donc, dans la virulence) de ce virus.

Synthèse chimique des génomes bactériens

Depuis les débuts de 2008, la synthèse complète d'un génome bactérien, véritable prouesse chimique, a été réalisée par l'équipe de Craig Venter et décrite dans le journal *Science* (Gibson *et al.*, 2008). Les auteurs sont, en effet, parvenus à assembler, par accolements successifs de courtes séquences chimiques, 582 970 paires de bases qui constituent, pour la plus grande part, l'équivalent du génome de la bactérie *M. genitalium* ! Ce génome synthétique (qu'ils ont baptisé *M. genitalium JCVI-1.0*) contient tous les gènes de la souche sauvage de *M. genitalium G-37*, à l'exception du gène MG-408 qui a été remplacé par un marqueur antibiotique pour prévenir la pathogénicité du génome transposable.

Les auteurs de ces recherches concluent en ces termes : « Les méthodes, décrites ici, devraient être utiles pour la construction de longues *molécules d'ADN à partir de grands segments synthétisés* chimiquement et aussi par combinaisons de segments d'ADN naturels et synthétiques. Il est donc clair qu'avec la possibilité de reconstituer chimiquement certains génomes et peut-être plus encore de fabriquer artificiellement des *génomes hybrides* porteurs d'une information génétique additionnelle, *l'homme est à la veille de produire, du moins dans le monde microbien, des espèces entièrement nouvelles* ! » D'où les nouveaux problèmes éthiques qui se présentent et qui seront évoqués ci-après (p. 128 *et sq.*).

Substitution de génomes bactériens

Après la synthèse chimique (au prix d'un travail considérable) d'un génome bactérien complet (voir *supra*), l'un des objectifs suivants était de le substituer artificiellement au génome naturel correspondant afin de vérifier sa fonctionnalité, puis de fabriquer éventuellement des micro-organismes doués de « constructions » génomiques aptes à faire apparaître chez eux des propriétés nouvelles intéressant, par exemple, les biotechnologistes.

Avant de s'attaquer à la transplantation d'un génome entièrement synthétique, Craig Venter et son équipe ont souhaité vérifier que des substitutions intégrales de génomes naturels complets étaient réalisables chez les bactéries. Cette démonstration a été apportée en ayant recours à un mycoplasme particulier, *Mycoplasma capricolus*. Les auteurs sont parvenus à remplacer totalement le génome de cette espèce particulière de mycoplasme en éliminant complètement ce génome de sa cellule hôte et en transplantant artificiellement l'ADN provenant d'une autre espèce, *Mycoplasma mycoides* (Craig Venter *et al.*, 2007). Ils ont pu montrer que les cellules issues de cette substitution génomique présentaient désormais toutes les propriétés physiologiques caractéristiques de l'espèce donneuse, notamment en ce qui concerne le spectre global des protéines exprimées ainsi que la nature des antigènes[5] de surface.

Cette expérience laissait donc augurer de la possibilité de transférer, non plus seulement un génome naturel provenant d'une espèce voisine de l'espèce receveuse, *mais un génome fabriqué chimiquement*. C'est ce qui a effectivement été réalisé en mai 2010 par la même équipe (Gibson, Craig Venter *et al.*, 2010). Le génome synthétique de *Mycoplasma mycoides* a été transféré et substitué à l'espèce *Capricolus*. Cette nouvelle bactérie, baptisée *Mycoplasma mycoides JCVI-syn1.0* s'est montrée capable de se reproduire normalement. L'expérience a eu un important retentissement médiatique. Craig Venter a parlé de la première espèce « dont le parent est un ordinateur » (ce qui devait d'ailleurs susciter plusieurs réactions de réserve de la part du monde scientifique !). Elle n'en a pas moins apporté la preuve qu'un champ nouveau était désormais ouvert à la biologie : celui d'une véritable ingénierie génomique.

---

5. Il s'agit, le plus souvent, de protéines combinées à des sucres (hétéroprotéines) qui tapissent la membrane des cellules et jouent un rôle dans les phénomènes de communication et de signalisation intercellulaires.

Vers la création de structures pseudo-vivantes

Divers groupes de chercheurs s'efforcent de fabriquer artificiellement des assemblages moléculaires ou, à tout le moins, physico-chimiques complexes, capables de manifester des propriétés (considérées comme) propres aux systèmes vivants. Deux caractéristiques ont notamment été ainsi recherchées en priorité : l'autoreproduction et la conversion métabolique de molécules fournisseuses d'énergie.

Par exemple, l'équipe de Steen Rasmussen (Los Alamos, États-Unis) a essayé de créer un système pseudobiologique, formé par des molécules d'origine naturelle, l'ensemble étant recouvert à sa surface d'une petite goutte d'huile. L'équipe y associe un *ADN génomique* simplifié capable de diriger la synthèse d'acides gras, permettant ainsi à la gouttelette d'huile de s'accroître ! Les auteurs s'efforcent de synchroniser la réplication de cet ADN et la croissance de la gouttelette. L'intérêt de ce type d'expérience est de tenter de mettre en lumière le rôle des phases chimiques comme supports potentiels de la reproduction biologique.

D'autres groupes tentent d'obtenir l'autoréplication de molécules d'ARN. Tel est l'objectif suivi par Lincoln et Joyce (La Jolla). Ils utilisent, dans ce but, une combinaison de molécules d'ARN, chacune capable de produire une copie de l'autre, par exemple en raccordant deux demi-molécules. Pour sa part, au lieu de chercher à dessiner ainsi la vie *de novo*, George Church (Harvard Medical School) et Anthony Forster (Vanderbilt University) utilisent des « kits » de molécules provenant de cellules vivantes. Leur objectif est de faire en sorte que ces combinaisons de molécules, inertes quand elles sont prises isolément, s'assemblent pour former un système « vivant » capable de se répliquer. Ils ont ainsi sélectionné 151 molécules, considérées comme essentielles, principalement des protéines et des ARN nécessaires à la réplication de l'ADN, à la synthèse de copies ARN et à leur traduction en protéines[6], auxquelles il convient d'ajouter de l'ATP comme source d'énergie ainsi que des acides aminés et différents effecteurs solubles. Néanmoins, pour que le système fonctionne indéfiniment, il est envisagé d'ajouter une molécule d'ADN capable de coder pour les 151 composés moléculaires…

La reconstitution d'assemblages fonctionnels par mélange de leurs constituants protéiques a, pour sa part, été réussie : l'expérience a été réalisée par Church et Jewett[7]. Ces derniers sont parvenus à ré-assembler les multiples composants *entrant dans la constitution d'un ribosome* (en mélangeant, dans certaines conditions, les 57 molécules de protéines et l'ARN entrant dans la composition de cette particule) et à reformer un ribosome actif. Ils ont d'ailleurs pu répéter l'expérience en remplaçant l'ARN ribosomique naturel par une version synthétique.

D'autres équipes, telle celle que dirige Tetsuya Yomo (Osaka University), travaillent également sur l'assemblage de sous-systèmes moléculaires. L'équipe d'Osaka a notamment créé un système d'assemblage similaire à celui utilisé par George Church, mais consistant en 144 parties au lieu de 151.

---

6. En réalité 38 acides ribonucléiques + 113 protéines.

7. M. Nomura, dans les années 1960, avait déjà montré que, si l'on sépare l'ensemble des protéines ribosomiques des ARN auxquels elles sont normalement associées et que l'on remet en présence ces constituants, il se reforme un ribosome fonctionnel.

La biologie synthétique : un tournant majeur de la biologie et des biotechnologies !

Ainsi que le lecteur l'aura perçu à travers les développements du présent chapitre, le terme « biologie synthétique » recouvre en réalité des opérations répondant à des objectifs différents, à caractère fondamental ou appliqué. Parmi les définitions que l'on peut en donner, il a été proposé (EASA, décembre 2010) de voir dans cette nouvelle démarche des sciences de la vie une véritable « ingénierie du monde biologique », reposant sur la conception et la création *de novo* de systèmes capables d'*accomplir de nouvelles fonctions dont on n'a pas observé l'existence au sein du monde vivant actuel*. Les tenants de cette « approche » estiment qu'elle devrait conduire à une meilleure compréhension des systèmes biologiques « naturels », ne serait-ce qu'en permettant d'expérimenter plus facilement sur ces « néosystèmes » que sur le vivant tel qu'il s'offre à nous.

La nature hautement pluridisciplinaire de la biologie synthétique est, à l'évidence, l'une de ses caractéristiques majeures puisque, en dehors de ses emprunts à la génomique, elle repose, pour une large part, sur le recours à des procédés issus de la chimie, de la physique ou des sciences et technologies de l'information.

Les approches méthodologiques de la biologie synthétique sont des plus variées. Il peut s'agir, par exemple, de construire, par voie chimique, *des génomes simplifiés renfermant le « nombre minimum » de gènes indispensables pour assurer la vie d'un organisme.* Un tel objectif peut être atteint, soit en assemblant expérimentalement des portions d'ADN synthétiques, comme l'ont réalisé Gibson et ses collaborateurs (équipe de Craig Venter) dans leurs expériences sur *Mycoplasma genitalium,* soit en partant de génomes naturels et en inactivant sélectivement certains gènes ou éléments répétitifs jugés non essentiels (Gibson, Craig Venter *et al.*, 2010). Dans l'un ou l'autre cas, on vérifie la fonctionnalité de ces génomes « simplifiés » par l'expérimentateur en les transférant dans des micro-organismes, préalablement débarrassés de leur génome résident et en recherchant dans quelle mesure, en dépit de l'élimination de certains gènes, ces micro-organismes conservent l'aptitude à se reproduire, à synthétiser des protéines, etc.

Une autre démarche consiste à engendrer *artificiellement* (approche dite *bottom-up* en anglais), *au sein de la cellule, des propriétés additionnelles* qu'elle est *naturellement incapable de manifester.* Ainsi certains scientifiques sont-ils parvenus à modifier des ribosomes pour leur conférer des capacités nouvelles à l'étape de synthèse des protéines. D'autres s'emploient à assurer la propagation *in vivo* d'acides nucléiques artificiels après en avoir modifié le squelette chimique – par exemple, en imposant un nouveau code génétique ! Ainsi au lieu de se limiter à des biopolymères formés à partir de nucléotides renfermant les quatre bases naturelles (ATGC), ils ont conçu des codes à six lettres (ATGCPZ) ou à partir de nucléotides dont le sucre de constitution (ribose) est remplacé par un sucre en C6 ou par du thréose en C5. De la même « veine » se réclament diverses tentatives visant à obtenir des micro-organismes dont les protéines renferment des acides aminés[8] artificiels (Lu *et al.*, 2007). Si ces tentatives répondent, dans l'ensemble, à un désir

8. À noter que ce type d'approche a été mis en œuvre de longue date chez des micro-organismes par exemple dans l'équipe de G. Cohen au sein du laboratoire Monod, en faisant croître *E. coli* en présence d'« analogues » synthétiques d'acides aminés.

d'explorer certaines limites à caractère moléculaire au sein du monde vivant, d'autres tentent de répondre à des objectifs biotechnologiques. Ainsi, la démarche, connue sous le nom d'« ingénierie métabolique » ou d'« ingénierie des systèmes biologiques », vise quant à elle à intervenir au niveau des capacités biosynthétiques des cellules ou des organismes pour la production de substances, d'intérêt thérapeutique ou autre.

Un des exemples, souvent cité à cet égard, concerne la production par la levure ou par la bactérie *E. coli* d'artémisinine, un précurseur de l'isoprénoïde artémisine, un puissant agent de lutte contre la malaria, et cela à des coûts très inférieurs à ceux de la bioproduction actuelle. Encore convient-il de souligner la parenté de ces stratégies d'ingénierie métabolique avec celle, connue de longue date, sous le nom d'ingénierie génétique. Il s'agit cependant de recourir à des opérations plus complexes que celles mises en œuvre dans la transgenèse classique à l'origine des organismes génétiquement modifiés. En effet, tandis que l'obtention des OGM repose sur le transfert d'un gène unique, voire d'un petit nombre de gènes, il s'agit ici de modifier l'ensemble du génome !

En dehors de cette ingénierie des biosystèmes qui vise à modifier les propriétés de la cellule pour lui conférer l'aptitude à élaborer, par exemple, des produits d'intérêt pharmacologique, des biocarburants de deuxième génération, des agents de dépollution, etc., la création artificielle de protocellules répond, quant à elle, à un projet beaucoup plus ambitieux se rapprochant des tentatives générales *pour comprendre les origines de la vie*. Il ne s'agit là, en effet, rien de moins que de créer des sortes de *cellules synthétiques* grâce à des approches chimiques programmables, c'est-à-dire à partir de molécules inorganiques et organiques, l'ambition étant, rappelons-le, d'obtenir des combinaisons pseudo-biotiques, douées des propriétés d'autoréparation, d'autoassemblage, d'autoreproduction, ainsi que de capacités évolutives…

Très récemment, la communauté scientifique européenne, sous l'égide de EASAC[9] a tenu une importante réunion à Halle (Allemagne) afin d'évaluer le potentiel et les disponibilités scientifiques européennes dans ce nouveau secteur de la biologie. Celui-ci a, en effet, bénéficié d'un démarrage et d'un essor rapides aux États-Unis mais connaît quelque retard de développement en Europe, retard que l'Union européenne s'efforce de combler.

Dans un récent fascicule des *Comptes rendus de l'Académie des sciences* consacré à la série « Chimie » (avril 2011), Anne Fagot-Largeault, Charles Galperin, Jacques Livage se sont efforcés d'apporter une description de cette nouvelle discipline, à la charnière de la chimie et de la biologie. « La biologie synthétique, écrivent-ils, est un domaine interdisciplinaire où biologistes, chimistes, physiciens, informaticiens conjuguent leurs créativités pour concevoir et construire des "systèmes biologiques standardisés" (*bioblocks*) reproductibles, doués de fonctions spécifiques (photosynthèse, phagocytose, reconnaissance d'un signal), éventuellement un jour, des organismes entiers. C'est aussi un domaine en partie spéculatif où l'on invente et teste (sur ordinateur) d'autres codes génétiques possibles, d'autres formes de vie que celles que nous connaissons sur la planète Terre. C'est parfois un champ de "fanfaronnades" où l'on annonce pouvoir demain fabriquer des bactéries simplifiées, rationnellement conçues pour servir les besoins humains et dont la structure serait débarrassée des aberrations liées aux hasards de l'évolu-

9. L'European Academies Science Advisory Council est un conseil rassemblant certains des scientifiques les plus éminents d'Europe ainsi que des responsables de grandes institutions de recherche.

tion » (Fagot-Largeault, Galperin, Gros, Livage, 2011). François Képès propose une formulation plus « ramassée », plus proche des préoccupations biotechnologiques : pour lui, « la biologie de synthèse est une technoscience émergente visant la conception rationnelle et la synthèse de systèmes complexes basés sur, ou inspirés par, le vivant mais dotés de fonctions absentes de la nature[10] ».

Biologie synthétique et problèmes éthiques

Dans un récent article dévolu aux questions à caractère éthique qu'est susceptible de soulever ou que pose, effectivement, la mise en œuvre de la biologie synthétique à une échelle grandissante, Gregory E. Kaebnick tente de passer en revue les différentes prises de position se rattachant au problème (Kaebnick *et al.*, 2009). Celui-ci donne, en effet, lieu, notamment aux États-Unis, à d'assez nombreux débats, ce qui n'est pas pour surprendre, puisque certains des objectifs visés s'apparentent, sous bien des aspects, à ceux de l'ingénierie génétique dont on sait qu'ils ont suscité, et continuent de susciter, maintes controverses, particulièrement en Europe. Encore convient-il de souligner que si les organismes génétiquement modifiés (OGM) résultent du transfert d'un ou de plusieurs gènes (émanant d'espèces distinctes de celle de l'organisme receveur), ces gènes, en tant que tels, équivalent à des séquences d'ADN « codantes » *existant dans la nature.* Or, outre que la biologie synthétique envisage des substitutions de génomes complets (changeant ainsi une espèce en une autre), ces génomes de synthèse, fabriqués en

10. Communication personnelle.

laboratoire, peuvent comporter de nombreuses modifications artificielles, sinon même être fabriqués d'après des « codes génétiques » distincts du code génétique universel existant chez les êtres vivants aujourd'hui.

Entrer ici dans le vif des considérations éthiques demanderait un trop long développement. Pour autant, le débat est d'une grande importance ! Il engage rien de moins que la position future de la société civile et du droit face à certaines des voies principales que seront sans doute amenées à emprunter, de façon marquante, la biologie et les biotechnologies du futur.

En nous limitant à l'essentiel de l'analyse figurant dans les commentaires de G. E. Kaebnick (Hastings Center, New York), relevons que deux « types » d'objections éthiques sont avancés par certains auteurs à l'encontre de la biologie synthétique. Le premier relève des mêmes préoccupations ou objections que celles mises en avant par les opposants à l'utilisation des OGM et même, plus généralement parlant, par les mouvements d'inspiration écologique. La biologie synthétique, sans doute plus encore que toute autre technologie, risque à leurs yeux de changer les relations de l'homme et de la nature et d'attenter matériellement à ses propriétés (donc, aux équilibres et ressources naturels). Il faut toutefois distinguer ici ce qui se réclame d'une attitude philosophique, donc de principe, et ce qui exprime la crainte effective de conséquences pouvant résulter des activités ingénieriques de la biologie synthétique. En particulier, ne peut-on redouter que les nouveaux « objets » pseudo-vivants, inventés par les tenants de cette biologie, « n'échappent » en quelque sorte à la vigilance des laboratoires et se reproduisent de façon incontrôlée à l'extérieur, portant atteinte à la nature et à l'homme ?

L'autre type d'objection, voire d'opposition, s'adresse à la démarche *en elle-même*. Il est à caractère moral et s'élève contre l'attitude démiurgique qu'incarnerait ce type de biologie. Pour les adeptes de ce point de vue, cette approche scientifique est *intrinsèquement* critiquable, plus encore que dangereuse. Là encore, on peut discerner une inspiration à caractère philosophique (la biologie synthétique attenterait à la perception que nous, êtres humains, avons de la vie) ou d'inspiration religieuse – ce que les commentateurs anglo-saxons entendent par « *playing God* ».

Toutes ces prises de position, lesquelles peuvent d'ailleurs se rejoindre, sont respectables. Mais le sont aussi les arguments mis en avant par ceux qui voient, dans la biologie synthétique, un prolongement logique des démarches empruntées jusqu'ici par la biologie moléculaire et la génomique ainsi que par les nouvelles technosciences inspirées des avancées de la chimie de synthèse. Pour eux, la biologie de synthèse a pour objectif de mieux comprendre les fondements mêmes du vivant et de son évolution (Morange, 2011) ou encore de tirer un parti plus utile à l'homme des progrès biotechnologiques. Quoi qu'il en soit, la biologie synthétique du génome n'en est qu'à ses tout débuts ! Il semble donc tout aussi hasardeux de prévoir avec quelle rapidité et selon quelle voie préférentielle elle évoluera que de conjecturer quel sera son degré d'acceptabilité sociale ! Il n'en demeure pas moins que, comme cela a été le cas pour le génie génétique il y a une trentaine d'années, on est en droit de penser que les instances publiques, nationales et internationales, comme la communauté scientifique, seront conjointement appelées à examiner tant les nouvelles règles de bonne pratique que les mesures[11] d'encadrement ou de confinement qui s'imposeront.

---

11. Précisons qu'un programme européen (dénommé Synbiosafe) a été proposé à cet effet. Certains (voir Tucker et Zilinskas, 2006) ont même avancé l'idée d'un Asilomar 2.

CHAPITRE VIII

Du renouveau en biologie moléculaire

Une vraie révolution en biologie moléculaire : le monde extraordinaire des ARN de régulation

LA LOGIQUE DE LA BIOLOGIE MOLÉCULAIRE ET LE DOGME CENTRAL

Il n'est pas rare, en sciences, qu'on pense avoir atteint, en quelque sorte, les limites de la connaissance en relation avec certaines situations dans les domaines les plus divers, tant les modèles explicatifs auxquels on était parvenu s'imposent par leur logique, rendant apparemment compte de toutes les propriétés des systèmes étudiés ! Cela est fréquent en physique dont l'histoire est riche de considérables rebondissements et, bien entendu, n'est pas rare en biologie ! La situation à laquelle nous allons nous intéresser en fournit une illustration saisissante.

Jusque dans les débuts des années 1980, les chercheurs en sciences de la vie pouvaient s'enorgueillir, à juste titre, d'avoir réussi à décrire les grandes étapes de la biologie (moléculaire) du gène. Des découvertes telles que la structure de la double hélice d'ADN, le code génétique (universel), les mécanismes d'expression génétique[1], sans oublier l'établissement des premières structures tridimensionnelles des protéines (M. F. Perutz, J. Kendrew), découvertes réalisées en un temps relativement court, avaient tout lieu de susciter une adhésion générale assortie d'un certain émerveillement. D'où l'attitude parfois quelque peu dominatrice des scientifiques de l'époque, convaincus d'être parvenus à l'essentiel dans la connaissance des grands processus du vivant et leur ralliement au fameux « dogme central », maintes fois évoqué dans cet ouvrage.

Or nous avons vu que, dans ce domaine de recherches, des observations plus récentes, sans pour autant remettre en cause ces découvertes princeps de la biologie (lesquelles demeurent essentielles pour comprendre les mécanismes d'expression génétique), n'en ont pas moins révélé des situations inattendues (par exemple, le caractère « morcelé » des gènes eucaryotes, les phénomènes d'épissage, la rétrotranscription, la découverte des « ribozymes », le rôle des transposons, etc.).

L'ÉTABLISSEMENT, DANS LES ANNÉES 1960, DES PRINCIPES FONDATEURS DE LA RÉGULATION GÉNÉTIQUE

Il est un autre champ d'études qui fut couronné de succès et dont les biologistes avaient tout lieu de s'enorgueillir : celui qui a trait à la *régulation* de l'expression génétique. En effet, grâce aux travaux de l'École pasteu-

1. On entend par « expression des gènes » l'ensemble des mécanismes qui assurent leur transcription (copiage) en ARN, le décodage de l'ARN en protéines et, comme nous l'avons vu plus haut, les phénomènes intermédiaires appelés « épissage ».

rienne notamment (J. Monod, F. Jacob), les schémas explicatifs du contrôle de l'activité génique par les facteurs du milieu répondaient à une logique parfaite. Allusion est faite ici à la découverte (grâce à l'étude du système d'utilisation du lactose chez *E. coli*) *des gènes régulateurs, des opérons* (batteries de gènes contigus concourant à la même fonction métabolique) et à celle des *répresseurs*, protéines dont on avait démontré les propriétés « allostériques » (J.-P. Changeux, F. Jacob, J. Monod). Les choses étaient claires ! Le gène régulateur code un répresseur lequel, en s'attachant au début de l'opéron lactose, inhibe la transcription de celui-ci en ARN messager. Lorsque le milieu de culture est additionné de lactose, ce sucre agit comme un signal déclenchant une transition allostérique (changement de conformation) du répresseur, entraînant son détachement de son site de fixation. La transcription est rétablie, la bactérie peut synthétiser les diverses enzymes ou facteurs requis pour l'utilisation du lactose. Peu après la publication de ces travaux mettant en lumière l'importance des phénomènes de régulation négative à effets réversibles, des exemples de régulation « symétrique », c'est-à-dire de régulation positive (pour les métabolismes du maltose, de l'arabinose, etc.), où la protéine effectrice était activée par les métabolites présents dans le milieu, au lieu d'être inhibée, étaient mis en évidence, mais le principe d'action restait le même. Bien que comportant des paramètres plus complexes, on découvrit par la suite que la régulation des gènes des organismes « eucaryotes » s'opérait selon un schéma très voisin de cette régulation positive.

Dans tous les cas cités, la régulation génétique résultait donc de l'action de gènes régulateurs exerçant leur effet par l'entremise de « protéines » agissant au niveau de « séquences ADN spécifiques » commandant l'activité des gènes cibles, soit en inhibant, soit en stimulant leur transcription. En résumé, le contrôle des gènes en fonction du milieu était assuré *par des facteurs protéiques*, agissant au stade de leur transcription.

Un nouveau mode de régulation inattendu ou l'univers des riborégulateurs

Nous avons déjà fait maintes fois écho, dans cet ouvrage, à l'importance des ARN dans l'économie physiologique cellulaire. Nous ne ferons qu'évoquer ici ce qui a déjà été décrit à travers l'expression désormais consacrée de « monde de l'ARN ».

Avec la découverte de l'ARN messager (qui a permis de lever, pour partie, le voile sur le fonctionnement des gènes) et, comme nous l'avons déjà rappelé, avec celle des ARN, éléments clés de la machinerie cellulaire intervenant dans la synthèse des protéines (t-ARN, r-ARN, etc.), puis après la mise en évidence des ribozymes, on pensait avoir tout dit à son propos ! Or les biologistes étaient loin de soupçonner (il y a à peine un peu plus d'une décennie) que le monde des ARN allait ménager bien d'autres surprises, notamment *dans le domaine de la régulation génétique.*

Non seulement, à côté de la régulation transcriptionnelle des gènes par l'entremise des facteurs protéiques agissant au niveau de promoteurs spécifiques, il faut désormais compter, comme nous allons le voir, avec un foisonnement d'effets régulateurs produits par les ARN, mais on découvre aujourd'hui l'existence d'une variété moléculaire d'ARN que l'on était loin d'entrevoir. *En effet, le monde tout nouveau des riborégulateurs (petits ou longs ARN non codants) capables d'inhiber la traduction de certains ARN messagers ou d'entraîner leur destruction pure et simple* (ou encore d'intervenir dans les processus épigénétiques) *est aujourd'hui au centre d'une multitude de travaux.*

Leur mise en évidence, la découverte du rôle considérable qu'ils jouent en tant que régulateurs de la physiologie cellulaire, agents de lutte contre les virus des plantes, éléments contrôlant la virulence bactérienne ou encore – ainsi que nous le verrons par la suite – dans le fonctionnement du système nerveux : tout cela permet d'écrire un tout nouveau chapitre de la biologie moléculaire et de la biologie du développement !

LES PETITS ARN NON CODANTS

Les plus importants, parmi ces petits ARN régulateurs, appartiennent à deux familles dont les représentants manifestent d'ailleurs des propriétés et des modes d'action très voisins, mais dont les étapes de formation diffèrent sensiblement. Il s'agit, d'une part, des *micro-ARN* (mi-ARN), petits ARN formant une famille très étendue. On en a décrit, jusqu'à présent, plus de 500 types distincts chez l'homme. Ils comportent de 21 à 25 nucléotides lorsqu'ils agissent en tant que régulateurs négatifs d'ARN messagers cibles. Ils dérivent eux-mêmes, métaboliquement, d'ARN précurseurs plus longs (environ 70 nucléotides) et sont les produits *de gènes particuliers*. On sait, aujourd'hui, que plus d'un tiers des gènes humains se trouvent sous leur contrôle.

L'autre famille est constituée par les *si-ARN* (en anglais, *si-RNA* pour *small-interfering RNA*). Bien qu'ils agissent sensiblement comme les mi-ARN à quelques variantes près, ils ne sont pas, contrairement à ces derniers, les produits de gènes spécifiques, mais dérivent de longues molécules d'ARN provenant de virus, de transposons ou de l'hétérochromatine, etc. Ces divers précurseur des si-ARN ont en commun la faculté d'adopter des configurations repliées en « épingle à cheveux » (c'est-à-dire dans lesquelles des portions de séquences sont appariées comme dans une double hélice).

Bien que nous ne nous intéressions surtout, dans ce qui suit, qu'à ces deux catégories, de rirégulateurs, il existe en réalité une multitude d'autres ARN non codants doués d'activités les plus diverses[2].

LES MICRO-ARN

Tandis que, jusqu'alors, et ainsi que nous l'avons rappelé, les biologistes étaient convaincus que la plupart des *gènes régulateurs* exercent leur action en fabriquant une protéine (un facteur de régulation), capable, selon les cas, d'inhiber ou d'activer une phase particulière du développement (ce qui demeure exact dans de nombreux cas...), Lee et ses collègues ont montré que l'un des gènes régulateurs du développement larvaire chez le ver nématode, le gène lin-4, agissait par l'intermédiaire d'un petit ARN ne renfermant guère plus qu'une vingtaine de nucléotides (Lee, 1993) ! Comment un ARN de cette petite taille pouvait-il donc exercer un effet

2. Parmi ces autres catégories d'ARN non codants, citons les *piwiRNA*, intervenant dans le contrôle des transposons (ces éléments répétitifs dont la réplication non régulée peut altérer le fonctionnement du génome), ainsi que des ARN non codants exerçant dans la cellule eucaryote des fonctions très spécifiques tels que, les ARN *Xist* contrôlant l'inactivation du chromosome X dans les cellules femelles, l'*ARN H-19* (imprégnation parentale), les *sn-ARN* (ou *small nuclear RNA*, désignés parfois sous les noms de U1, 2, 3, 4, 5, 6), qui entrent dans la constitution des *spliceosomes* (épissage) ou encore les *sno-ARN* (*small nucleolar RNA*) qui jouent un rôle dans la méthylation du ribose des ARN ribosomiques et dans la formation de la pseudo-uridine des ARN de transfert. Voir également notre encadré 8, p. 151.

répresseur au niveau du gène de développement lin-14 ? Il fut établi que l'ARN du gène lin-4 comprenait, dans sa structure, une région « antisens », c'est-à-dire complémentaire de plusieurs portions de l'ARN messager provenant du gène lin-14, gène intervenant dans la phase tardive du développement (Wightman *et al.*, 1991). La formation d'un « hybride » ARN-ARN entre les régions complémentaires des produits de lin-4 et lin-14 entraîne une répression dans la traduction du messager lin-14, empêchant que se forme le facteur protéique correspondant, nécessaire à la progression du développement larvaire.

Pendant quelque temps, on considéra que le mode d'action de lin-4 représentait un cas singulier ! La biologie du développement n'avait-elle pas décrit jusqu'alors un véritable foisonnement de protéines régulatrices ? Mais, sept ans plus tard, un cas similaire fut décrit. Un autre gène régulateur, let-7, intervenant dans la transition entre la dernière phase larvaire du nématode *C. elegans* et le stade adulte, pouvait coder également pour un autre ARN de faible poids moléculaire (Reinhart *et al.*, 2000 ; Slack *et al.*, 2000). Peu après, des homologues du gène let-7 allaient être identifiés chez diverses autres espèces animales (la drosophile notamment), puis chez l'homme !

De fait, dans les débuts du nouveau millénaire, différents laboratoires sont parvenus à cloner, à partir de cellules animales d'origines diverses plus de 110 gènes additionnels gouvernant la synthèse de petits ARN non codants doués de propriétés régulatrices ! Depuis lors, le nombre de gènes à riborégulateurs mis en évidence s'est encore accru. *Ainsi, la généralité des mécanismes de régulation faisant intervenir de petits ARN non codants s'est peu à peu imposée.* L'appellation « micro-ARN » a été introduite sans préjuger de la fonction, car, contrairement aux ARN lin-4 et let-7, nombre de ces ARN n'interviennent pas nécessairement à des stades particuliers du développement, mais peuvent assurer des fonctions régulatrices très diverses, souvent exprimées dans des types cellulaires particuliers.

SYNTHÈSES ET MÉCANISMES D'ACTION DES MICRO-ARN

Les mécanismes intervenant dans la synthèse d'un micro-ARN, à partir du gène régulateur correspondant, et son mode d'action sont complexes. Ils comprennent plusieurs étapes : il se forme en premier lieu un produit de *transcription* du gène correspondant (de fait, une longue molécule d'ARN *précurseur*), dont la taille peut dépasser un millier de nucléotides. Ce « transcrit » est ensuite découpé par des nucléases, ce qui conduit à la formation du petit micro-ARN non codant. Celui-ci est véhiculé par un jeu de protéines jusqu'à l'ARN messager cible avec lequel il s'associe pour former un hybride ARN-ARN, empêchant cet ARN messager de fonctionner ou entraînant sa destruction.

Cette cascade biochimique implique donc la participation d'enzymes de clivage découpant le transcrit ARN en micro-ARN (ribonucléases spécifiques), des facteurs assurant le transfert des produits de découpage à l'extérieur du noyau cellulaire, c'est-à-dire au sein du cytoplasme, et l'intervention d'un complexe protéique, baptisé RISC, dont le rôle est de faciliter l'appariement du micro-ARN mature avec l'ARN messager « cible ».

Encadré 6
Les étapes intervenant dans l'action des micro-ARN

Voici les détails de cette séquence opérationnelle : la transcription du gène codant pour un micro-ARN est catalysée au sein du noyau cellulaire par une ARN polymérase de type II. Le long transcrit qui en résulte est généralement désigné du nom de pri-miARN. Survient ensuite un premier clivage de ce pri-miARN, sous l'action d'une ARNase de type III (baptisée « Drosha »), ce qui engendre un ARN de plus petite taille (60 à 70 nucléotides) appelé pré-miARN, lequel est alors transporté du noyau dans le cytoplasme, grâce à un facteur ATP dépendant, l'exportine 3. Une fois dans le cytoplasme, le pré-miARN subit une seconde coupure, catalysée par une autre endonucléase de type III, appelée « Dicer », qui élimine la boucle à simple brin encore présente dans le pré-miARN. Le produit résultant est alors un petit ARN à double brin mais à appariement imparfait. L'un des deux brins est le futur mi-ARN mature, (celui qui lui est associé, mi-ARN*, comportant quelques régions non appariées [boucles]). Finalement, le complexe appelé RISC dissocie l'hybride mi-ARN : mi-ARN* et met en place le mi-ARN mature définitif au niveau d'une séquence complémentaire de l'ARN messager. Le complexe multiprotéique RISC inclut entre autres composants, des protéines baptisées « argonautes » car, comme leur nom le suggère, elles transportent les mi-ARN au niveau du site complémentaire de l'ARN-cible.

Ainsi, le positionnement du micro-ARN sur le messager cible, tel que l'assure le complexe RISC, peut soit entraîner un blocage dans la traduction du messager en protéine, soit en causer la dégradation. Une telle dégradation se produit lorsque le « duplex » mi-ARN : m-ARN implique un appariement reposant sur la complémentarité parfaite des deux types d'ARN (après le clivage de l'ARN messager lié au mi-ARN, ce dernier demeure intact et peut donc s'attacher à d'autres molécules d'ARN messager…) Si, en revanche, la complémentarité mi-ARN-m-ARN n'est pas parfaite, on observe un blocage de la traduction. Néanmoins, dans l'un et l'autre cas, le résultat de ces interactions équivaut donc à une régulation de nature post-transcriptionnelle.

LES ARN D'INTERFÉRENCE (SI-ARN)

Tandis que les précurseurs des mi-ARN sont des produits de *transcription dérivant de gènes définis* (lesquels peuvent donc être considérés comme appartenant à une classe particulière de gènes régulateurs), il en va différemment pour la genèse des si-ARN[3]. Ces petits ARN non codants de tailles voisines de celles des micro-ARN *proviennent du clivage de longues portions d'ARN comprenant des conformations en double brin* (duplex bimoléculaire)[4]. La suite des transformations métaboliques survenant au niveau des précurseurs des si-ARN est voisine de ce que l'on observe pour la maturation et l'action des mi-ARN au niveau de leurs cibles.

L'ARN à double brin, précurseur d'un si-ARN, est clivé pour donner naissance à plusieurs molécules de si-ARN, chacune comprenant environ 22 nucléotides. Ce clivage est assuré par une nucléase spécifique. Les si-ARN résultants sont éventuellement incorporés dans un complexe ribonucléoprotéique identique à celui décrit précé-

3. Abréviation, selon les auteurs, soit de *silencing RNA*, car ils mettent au « silence » le fonctionnement des gènes cibles, soit, plus souvent, de *short-interfering RNA*.

4. L'origine de telles structures d'ARN peut-être artificielle (par exemple, si l'on introduit expérimentalement dans la cellule de l'ARN synthétique à double brin) ou naturelle. Dans ce dernier cas, le précurseur du si-ARN peut provenir de la transcription sur une certaine distance des deux brins complémentaires de l'ADN ; il peut également être engendré par une ARN-polymérase-ARN dépendante, enzyme présente chez les plantes, les champignons et les nématodes (mais absente des cellules de mammifères ou d'insectes) ou encore intervenant dans la réplication des virus à ARN. Il peut aussi se former à partir de transposons ou d'ADN provenant de l'hétérochromatine.

demment à propos du métabolisme des mi-ARN, c'est-à-dire le complexe RISC. Après appariement entre si-ARN et messager cible, l'endonucléase présente dans le complexe RISC clive l'ARN messager en un site en regard du milieu du si-ARN. Toutefois, d'autres différences entre micro-ARN et si-ARN sont à signaler[5].

LES RIBORÉGULATEURS DANS LE MONDE VÉGÉTAL

Le monde végétal, pour sa part, a beaucoup contribué à la découverte et à l'étude du rôle des petits ARN régulateurs. La mise au silence de l'activité des gènes par l'ARN a d'ailleurs été découverte chez les plantes, à la fin des années 1980 et a fait l'objet de toute une série de travaux (Matzke *et al.*, 1989 ; Linn *et al.*, 1990 ; Napoli *et al.*, 1990 ; Smith *et al.*, 1990 ; Van der Krol *et al.*, 1990). Il a été montré (Vaucheret *et al.*, 2006) que ce phénomène peut résulter soit d'une inhibition de la transcription (*transcriptional gene silencing*) soit de la dégradation de l'ARN messager (*post transcriptional silencing*, PTGS).

En particulier, le mécanisme de type PTGS joue un rôle très important dans la défense des plantes contre l'invasion par les virus à ARN. Il n'est pas rare, en effet,

---

5. Un unique duplex mi-ARN/mi-ARN est formé à partir de la molécule précurseur de mi-ARN (pré-miARN), tandis qu'une multitude de duplex si-ARN/si-ARN sont engendrés à partir de chaque molécule précurseur. Les séquences des mi-ARN sont presque toujours conservées au sein d'organismes apparentés, tandis que les séquences des si-ARN varient beaucoup d'un type de si-ARN à un autre. Les si-ARN sont, en principe, responsables d'un processus d'autodestruction du produit du même locus que celui dont ils dérivent. Par exemple, l'ARN dérivé d'un virus pourra être à l'origine du si-ARN qui le détruit, ce qui contribuera à la défense de la plante hôte attaquée par ce virus. En revanche, les mi-ARN sont à l'origine d'un processus dit d'« *hetero-silencing* » : ils sont produits à partir de gènes dont l'activité entraîne une inhibition post-transcriptionnelle (*silencing*) de gènes *distincts* de ceux dont ils dérivent.

que cet ARN viral soit lui-même converti par la plante en un riborégulateur qui en provoque le clivage (phénomène connu sous le nom anglais d'*auto-silencing*). Il a même été établi qu'un signal de mise au silence dirigé contre les séquences virales se produit au lieu même de l'infection, mais qu'il se propage à travers tous les tissus de la plante pour enclencher une défense systémique avant même que le virus ait pu se propager jusqu'aux tissus non infectés. En revanche, certaines protéines codées par le génome du virus sont capables d'empêcher la propagation de ce signal.

PETITS ARN À FONCTION RÉGULATRICE CHEZ LES BACTÉRIES

La plupart des données qui viennent d'être commentées sont issues de travaux expérimentaux réalisés chez les animaux ou chez les plantes. Qu'en est-il du monde des micro-organismes et notamment de celui des bactéries ?

Les ARN jouent également un rôle très important dans la régulation physiologique chez les bactéries, soit par l'intermédiaire de petits ARN non codants, soit par modifications réversibles de la conformation structurelle des ARN messagers (*ribo-switches*). De fait, l'existence de molécules d'ARN agissant comme facteurs de régulation a été rapportée chez les bactéries, plusieurs années avant les premières observations mettant en lumière les micro-ARN et si-ARN (encadré 7).

La plupart des petits ARN régulateurs bactériens (désignés le plus souvent par le sigle *s-ARN*, *small-ARN*) agissent, comme les micro-ARN ou les si-ARN, en formant, eux aussi, des appariements complémentaires avec les ARN messagers cibles (pour une revue générale, voir Waters et Storz, 2009). D'autres s-ARN bactériens inter-

Encadré 7
La découverte des premiers ARN régulateurs chez les bactéries

En 1981, Stonegaard et ses collègues, ainsi que Tomizawa et son équipe, avaient décrit l'existence d'un ARN de 108 nucléotides capable de bloquer la réplication du plasmide Col E-1. Le mécanisme mis en œuvre est d'ailleurs remarquable : l'ARN inhibiteur doit son action à un appariement direct avec l'ARN servant d'« amorceur » à la réplication plasmidique. En 1983, Simons et Kleckner rapportaient l'existence d'un autre ARN de 70 nucléotides, inhibant la traduction d'un messager intervenant dans l'activité de certains transposons. Enfin, en 1984, Mizuno et d'autres décrivirent l'action inhibitrice d'un court ARN d'*E. coli* (174 nucléotides) vis-à-vis d'un ARN messager intervenant dans la synthèse d'une protéine de membrane. Il faudra toutefois attendre les années 2001-2002 pour que, grâce à l'utilisation de techniques nouvelles, d'autres ARN régulateurs soient mis en évidence, cette fois au sein de diverses espèces bactériennes.

viennent *en s'associant directement à des protéines* jouant un rôle important dans la physiologie bactérienne (tels que des enzymes). On en connaît de nombreux exemples issus des études sur la croissance de la bactérie *E. coli*. Très souvent, ils fonctionnent comme des « leurres » moléculaires « mimant » la structure de certains ARN messagers ou d'ADN auxquels des protéines se fixeraient en leur absence. Par exemple, l'ARN 6-S d'*E. coli* mime une structure de « promoteur », ce qui lui permet de séquestrer la sous-unité « sigma » de l'ARN polymérase[6].

---

6. Les ARN polymérases, qui appartiennent à plusieurs catégories selon la nature des gènes concernés, assurent la transcription ADN → ARN de ces gènes. Elles sont formées par l'assemblage de plusieurs sous-unités protéiques parmi lesquelles la protéine (ou facteur) sigma joue un rôle important au démarrage du processus. La transcription commence (initiation) au niveau d'une séquence ADN particulière, propre au gène servant de matrice et appelé « promoteur ».

LES *RIBO-SWITCHES*

La formation réversible d'états conformationnels d'ARN messagers doués de pouvoir codant (*ribo-switches*) représente, sans doute, le mode de contrôle post-transcriptionnel le plus simple parmi les systèmes ribo-régulateurs mis en œuvre chez les bactéries. Peut-être s'agit-il aussi du plus anciennement utilisé au cours de l'évolution. À tout le moins illustre-t-il l'extraordinaire adaptabilité moléculaire de l'ARN à toutes sortes de fonctions. Prenons un exemple. Il arrive que l'extrémité de l'ARN messager qui constitue le site de « départ » pour le démarrage de sa traduction en protéine *adopte des conformations différentes*, c'est-à-dire subisse des repliements sur elle-même en réponse à des signaux divers. Certaines de ces conformations de repliement deviennent alors *incompatibles avec l'« initiation » des chaînes polypeptidiques*, car les facteurs qui dictent le démarrage de la synthèse protéique (les « facteurs d'initiation ») ne peuvent plus opérer au niveau de leur site d'interaction, ainsi « masqué ».

Parmi les signaux pouvant entraîner de tels changements, figurent plusieurs types de facteurs physico-chimiques ou métaboliques. Prenons l'exemple de la température : certains ARN messagers codant pour des facteurs de virulence, tels que des toxines, présentent une configuration « déployée » (ouverte si l'on préfère) accessible à la traduction, lorsque la température est voisine de 37 °C, température appropriée au développement de la bactérie dans la circulation sanguine. En revanche, à 30 °C ou à des températures inférieures, la séquence voisine de l'extrémité initiale de l'ARN messager se replie sur elle-même et la synthèse du facteur de virulence est alors bloquée. C'est ce que l'on observe par exemple chez *Listeria monocytogenes* : à 30 °C, la bactérie peut se reproduire comme un saprophyte non virulent, tandis qu'elle devient pathogène à 37 °C[7].

Il existe également une grande variété de *ribo-switches* « métabolites-dépendants ». Lorsque certains micro-organismes requièrent pour leur croissance ou leur survie un métabolite particulier qui se trouve être absent du milieu de culture, l'ARN messager codant pour l'enzyme de biosynthèse de ce métabolite adopte une configuration initiatrice « ouverte » permettant la fabrication du métabolite manquant. En revanche, si le métabolite est déjà présent en quantités suffisantes, il peut, tel un ligand, s'attacher à l'ARN messager en une région appelée « aptamer » et provoquer un changement de configuration rendant l'ARN messager transitoirement non traductible, le métabolite en question étant déjà présent à une concentration appropriée et suffisante !

ARN ET DÉFENSES DES BACTÉRIES CONTRE LES VIRUS

De nombreuses bactéries et archées renferment dans leur génome des éléments organisés en unités répétitives, appelés CRISPR (en anglais : *clustered regularly short palindromic repeats*) (Jansen *et al.*, 2002 ; Boltin *et al.*, 2005). Il

7. La régulation exercée par les *ribo-switches* n'est d'ailleurs pas limitée à un blocage fonctionnel de l'ARN messager adoptant une configuration repliée sous l'effet d'un environnement physico-chimique déterminé ou d'un métabolite. Parfois, en effet, les *ribo-switches* peuvent exercer un contrôle négatif « *à distance* » (c'est-à-dire en « trans- ») sur *d'autres* ARN messagers. Ainsi les *ribo-switches* induits par la S-adénosyl-méthionine (SreA et SoB) peuvent inhiber la traduction de l'ARN messager responsable de la synthèse du facteur de virulence PrfA, chez *Listeria monocytogenes* (Toledo-Arana, Repoila et Cossart, 2007).

est établi aujourd'hui que (Brouns *et al.*, 2008 ; Jore *et al.*, 2011) CRISPR et les gènes immédiatement adjacents (cas 1, 2, 3, 4) constituent un vrai système de défense contre les bactériophages et les transposons. Or, fait remarquable, ce système fonctionne par l'entremise d'un ARN non codant, ou cr-ARN (70 nucléotides), qui « guide » l'action des gènes « cas » contre les envahisseurs des bactéries.

Encadré 8

Les autres catégories de petits ARN non codants

Bien que le présent chapitre mette surtout l'accent sur le rôle des ARN « non codants » intervenant dans le développement précoce, dans la physiologie microbienne, les défenses antivirales des plantes ou le fonctionnement du système nerveux, le monde des ARN est, de fait, beaucoup plus diversifié. Il existe, en effet, une grande variété d'ARN doués d'activité régulatrice autres que les deux représentants principaux que sont les micro-ARN, les ARN d'interférences (si-ARN) ou les sn-ARN bactériens. Certains, tels les « piwi-interacting ARN » (pi-ARN) semblent jouer un rôle privilégié dans les cellules germinales en intervenant au niveau de la chromatine et en la protégeant contre les effets délétères des transposons. D'autres, les PASR (en anglais, *promoter associated short RNAs*), de tailles comprises entre 20 et 200 nucléotides, exercent un effet régulateur en agissant sur les sites de démarrage (promoteurs) de la transcription. De même, les ti-ARN (*transcription initiation ARN*) constituent une famille particulière de petits ARN (environ 18 nucléotides) qui dérivent de séquences situées en amont des sites d'initiation de la transcription. Ils joueraient un rôle dans le positionnement du premier nucléosome. On connaît, par ailleurs, toute une variété d'ARN non codants produits par les « pseudogènes » jusqu'alors considérés comme des gènes ayant perdu leur activité à la suite de duplications géniques. Le rôle de ces ARN reste toutefois à élucider.

Les petits riborégulateurs du système nerveux : vers une nouvelle approche de son fonctionnement et de ses pathologies

L'étude du système nerveux central avec son arsenal prodigieux de techniques fonctionnelles et exploratoires, qu'elles soient d'inspiration neuroendocrinologique, génétique, cytologique ou physico-chimique (par exemple, l'imagerie), serait-elle en passe d'emprunter, elle aussi, une voie toute nouvelle, grâce aux récents travaux sur les petits ARN non codants ? Se dessinerait-il là des perspectives pour la prévention et le traitement des pathologies psychiatriques ou neurodégénératives (schizophrénie, autisme, maladies d'Alzheimer, de Huntington, etc.) ?

Certes, dans le domaine des neurosciences, comme dans bien d'autres domaines de la biomédecine, les applications thérapeutiques sont souvent loin de s'enchaîner rapidement aux progrès de la recherche fondamentale. Les retombées de ce nouveau type d'études ne peuvent donc être prédites avec certitude. Toutefois, avec la disponibilité, à l'échelle quasi industrielle des oligonucléotides de synthèse (analogues des micro-ARN naturels), on peut du moins raisonnablement imaginer des applications concernant le diagnostic ou un meilleur ciblage des agents pharmacologiques utilisés dans les pathologies du système nerveux central. Un très récent colloque de la Fondation IPSEN (Trooper et Christen, 2010) permet de réunir certaines des plus importantes contributions de ce domaine d'étude. Nous en dégageons ici quelques conclusions à partir d'études menées sur des modèles animaux :

– Parmi les quelques centaines de mi-ARN qui ont été décrits en étudiant le génome des vertébrés, un nombre important de ces riborégulateurs semble prédominer dans le système nerveux central, à la fois dans des aires spécialisées de ce système et/ou à des stades particuliers de son développement[8].

– Très souvent, les « cibles » de ces mi-ARN se trouvent être liées à la synthèse de protéines régulatrices agissant au niveau de la transcription génétique, c'est-à-dire de facteurs protéiques qui, à leur tour, inhibent ou stimulent le copiage de certains gènes en leurs ARN messagers. Cette régulation « en cascade » introduit donc un nouveau palier dans les circuits contrôlant l'expression des gènes au sein du système nerveux[9].

– Parmi les nombreuses interventions des mi-ARN dans la physiologie neuronale, certaines concernent *l'établissement et le maintien des synapses*, éléments de la « micro-

8. Par exemple, selon des études neuroanatomiques récentes (Kapsimali *et al.*, 2007, p. 9), miR-222 et miR-34 interviennent à des niveaux très précis et distincts le long de l'axe antéro-postérieur du cerveau à l'état larvaire en cours de différenciation chez le poisson-zèbre. Les micro-ARN miR-181a et 181b sont fortement exprimés dans les cellules associées au système visuel et dans d'autres aires très spécifiques du système nerveux. D'autres mi-ARN sont très fortement exprimés dans le système olfactif. On observe aussi une spécificité liée au type cellulaire : noyaux crâniens moteurs, neurones moteurs spinaux, neurones du système périphérique, photorécepteurs rétiniens, etc. Enfin, des différences notables sont observables entre les stades adulte et larvaire.

9. Voici un exemple de l'interaction des mi-ARN et des facteurs de transcription : chez les vertébrés existe un « répresseur transcriptionnel », REST (*repressor-element-1-silencing transcription factor*) qui intervient dans l'établissement de l'« identité neuronale », en empêchant le fonctionnement des gènes présents dans les cellules « non neuronales ». Or l'un des gènes cibles de REST est précisément celui codant pour le ARN miR-124, lequel a un effet régulateur négatif sur l'expression de REST. On voit comment cette boucle régulatrice en rétrocontrôle (*feed back loop*) est capable de renforcer l'expression des gènes neuronaux en maintenant un haut niveau de miR-124 dans les neurones et parallèlement des niveaux élevés de REST dans les cellules non neuronales (Conaco *et al.*, 2006 ; Vivanathan *et al.*, 2007). Bien d'autres exemples de rétrorégulation impliquant les miR-ARN dans le système nerveux pourraient être cités (Simon *et al.*, 2008, p. 19) notamment vis-à-vis du fonctionnement des cellules à dopamine (Abeliovich colloque IPSEN, 2010, p. 27).

circuiterie » nerveuse assurant des contacts interneuronaux ou neuromusculaires. Au moins trois mi-ARN ont été décrits comme régulateurs post-transcriptionnels négatifs dans la synthèse des protéines dendritiques, fines terminaisons associées au corps principal du neurone. Or, comme ces mi-ARN dendritiques sont eux-mêmes sous régulation transcriptionnelle, le système ainsi formé joue un rôle important dans le remodelage et l'homéostase synaptique. On sait, en effet, que, sous l'influence de l'environnement, de l'apprentissage ou d'atteintes pathologiques, des connexions synaptiques nouvelles peuvent se former ou d'autres disparaître. Le cerveau est, en somme, d'une grande plasticité.

– Des études, réalisées sur la mouche drosophile, chez la souris, mais également dans des lignées de cellules humaines à développement continu, impliquent les micro-ARN dans divers processus neurodégénératifs (Schratt *et al.*, 2006, p. 35). Par exemple, une réduction dans l'activité du système DICER (voir *supra*) qui joue un rôle clé dans la production des micro-ARN provoque, au cours du développement murin, une dégénérescence puis la mort des cellules de Purkinje[10], causant une forme d'ataxie. On a également pu associer un défaut dans l'action des mi-ARN avec la perte des neurones dopaminergiques obser-

---

10. De surcroît, plusieurs recherches semblent indiquer une intervention majeure de certains mi-ARN dans l'apparition de la maladie d'Alzheimer. Le groupe de Sébastien S. Hébert, à l'Université Laval, en analysant des cerveaux de patients atteints d'alzheimer sporadique, a observé que plusieurs mi-ARN potentiellement impliqués dans la régulation de la β-sécrétase (BACE-1) et dans l'expression de la protéine amyloïde, APP, présentent une forte réduction dans leur concentration. Cet effet pourrait être associé à un accroissement dans le niveau de ces protéines dont on sait le rôle majeur dans l'apparition de l'alzheimer. D'autres laboratoires ont également mis en lumière une corrélation étroite entre la maturation de certains mi-ARN spécifiques et un accroissement dans la toxicité de la protéine tau, autre molécule dont les altérations sont la cause de la formation des neurofibrilles chez les alzheimériens.

vée dans la maladie de Parkinson (diminution marquée de miR-133b). D'autres auteurs ont établi des corrélations entre les micro-ARN et la toxicité neuronale de la polyglutamine (voir « Les maladies neurologiques », p. 176).

– Enfin, une série d'études réalisées chez des souris expérimentalement privées de certains gènes de mi-ARN par les techniques de recombinaison homologue (*knock-out mice*) suggère une implication de ces petits ARN spécifiques dans l'apparition de la schizophrénie.

Ainsi, et bien que ce domaine de recherches n'en soit vraiment qu'à ses débuts, tout donne à penser qu'un nouveau chapitre de la biologie moléculaire du fonctionnement neuronal, notamment au sein du système nerveux central, est en train de s'écrire, concernant le rôle des petits ARN non codants. En outre, des altérations dans la biogenèse de ces ARN, ou dans leurs cibles spécifiques, paraissent associées, de manière très significative, à diverses pathologies du système nerveux. Sans préjuger, à ce stade, d'applications thérapeutiques potentielles, ces données pourraient déboucher à terme sur l'obtention de nouveaux outils de diagnostic.

Les longs ARN non codants

En dehors de ces diverses catégories d'ARN régulateurs dépourvus d'activité codante pour les protéines et dont les tailles sont inférieures à 200 nucléotides (gravitant le plus souvent autour d'une moyenne comprise entre 20 et 30 nt), existe un assez vaste ensemble d'ARN non codants, *mais de tailles généralement supérieures à 200 nucléotides*, certains pouvant atteindre des tailles très élevées : supérieures à 100 000 nucléotides ! Ces *longs ARN non codants (lncARN)* sont, en fait des produits de transcription de très nombreuses régions des ADN chromosomiques : *les techniques récentes de séquençage ont révélé qu'il devait exister des dizaines de milliers d'ARN antisens dépourvus d'activité matricielle pour les synthèses des protéines, provenant de régions intergéniques et introniques.* Bien que leur rôle dans l'économie cellulaire demeure encore obscur, un nombre croissant de données suggère qu'ils exerceraient des activités régulatrices très importantes au cours des processus de différenciation et de développement (par exemple, pour contrôler l'activité des gènes homéotiques[11] et des oncogènes[12]). Leur intervention dans la conversion des territoires embryonnaires épithéliaux en tissus mésenchymateux a également été suggérée. Enfin, divers arguments semblent indiquer que les petits comme les longs ARN non codants joueraient un rôle tout à fait capital pour contrôler, en quelque sorte, l'*architecture de la chromatine*[13].

---

11. Rappelons ici que les gènes homéotiques, parfois appelés les « gènes architectes », sont des gènes disposés « en tandem » en certaines régions de l'ADN chromosomique, le plus souvent activés de façon vectorielle selon un gradient qui correspond à la fabrication des divers « segments » (les disques de la drosophile ou les vertébrés chez les mammifères) du corps. Cette activation séquentielle fait intervenir des protéines régulatrices, mais également, comme cela est rapporté ici, des ARN non codants.

12. Les oncogènes interviennent dans la signalisation cellulaire en conditions normales. Ils règlent, par exemple, le déclenchement de la division en réponse à des stimuli externes. Sous l'effet de mutations, ils deviennent des oncogènes activés intervenant dans l'apparition des cancers.

13. Par exemple, dans les processus de mise au silence transcriptionnel et post-transcriptionnel, les effets de position liés au phénomène de variégation, la dysgénésie hybride, les effets compensateurs dans le dosage des chromosomes (inactivation du chromosome X), l'imprégnation parentale, l'exclusion allélique et, possiblement, les processus de transduction. On a, de façon plus spécifique, pu montrer que de nombreux lncARN (voir *supra*) sont formés selon des contraintes spatio-temporelles précises à partir de régions chromosomiques (loci) comprenant des gènes « homéotiques » au cours du développement. Leur action consisterait à « guider » les complexes modificateurs de la chromatine (répresseurs, ou activateurs) vers des sites génomiques particuliers.

Vers une réévaluation du concept d'information génétique

Les observations se rapportant au monde de l'ARN (et bien d'autres que nous ne pouvons développer ici) suggèrent que la variété des processus impliqués dans la régulation génétique ainsi que celle des facteurs qui en sont responsables sont infiniment plus étendues, mais aussi plus complexes que ce que les biologistes avaient imaginé il y a à peine quelques décennies !

Certains d'entre eux considèrent aujourd'hui que nous assistons à l'émergence d'un nouveau « paradigme » en ce qui concerne l'information génétique (Mattick *et al.*, 2009). Il convient en effet, selon eux, d'envisager la possibilité selon laquelle de nombreux facteurs protéiques de régulation, incluant ceux qui interviennent à des stades précis du développement des organismes vivants, seraient, en fait, « accompagnés » dans leur action par une véritable pléiade d'ARN régulateurs qui leur serviraient, en quelque sorte, d'éléments de guidage !

D'autres vont jusqu'à remettre en cause la définition même du gène, laquelle serait, à leurs yeux, à la fois limitée et incomplète ! Ils font remarquer que différentes « isoformes » peuvent être produites à la faveur de modifications transcriptionnelles ou non transcriptionnelles. En outre, et comme nous l'avons abondamment illustré, de nombreux gènes fonctionnels ne codent pas pour des protéines ! Pour ces biologistes, le concept de gène en tant qu'unité d'organisation basique serait également inapproprié, du moins en ce qui concerne les organismes supérieurs. *On sait en effet que la transcription de l'ADN peut concerner aussi bien des régions intergéniques que des régions du génome sous contrôle de promoteurs spécifiques et qu'elle peut conduire à des transcrits (ARN) codants ou non codants, parfois chevauchants bidirectionnels, de type « antisens » autant que « sens » ! En d'autres termes, les gènes ne pourraient plus être considérés comme les seuls motifs de l'ADN susceptibles d'être transcrits, c'est-à-dire de diriger la synthèse des ARN*, puisque la transcription ADN → ARN intéresserait de nombreuses régions de l'ADN dépourvues de propriétés de codage véritables. Comme cela a déjà été souligné par maints scientifiques et comme nous le rappelions ici, c'est donc bien un tout nouveau chapitre de la biologie moléculaire, mais aussi de la biologie du développement qui est en train de s'écrire…

ARN non codants et phénomènes épigénétiques

Le rôle des ARN non codants ne se limite pas à la régulation négative dans la traduction des ARN messagers en protéines (contrôle post-transcriptionnel) dans les cellules somatiques. Nombre d'observations indiquent que ces ARN riborégulateurs interviennent également dans toute une série de processus épigénétiques. Rappelons ici, pour simplifier, qu'on entend par modifications épigénétiques des changements provoqués par l'environnement cellulaire, changements héréditairement transmissibles, bien que ne reposant pas sur des altérations (mutations, etc.) de la séquence ADN, proprement dite, mais faisant plutôt intervenir soit des méthylations (réversibles) en des points névralgiques du génome commandant la transcription (promoteurs), soit des changements dans la composition en histones, éléments majeurs de la chromatine (voire les deux types de modifications). À titre d'exemple, citons le rôle de l'ARN « Xist » en tant qu'initiateur dans l'inactivation du chromosome X (P. Avner)[14] ; les effets inhibiteurs exercés par les micro-ARN vis-à-vis de la propagation incontrôlée des séquences répétitives, type « transposons » (Plasterk) ; le rôle des si-ARN, mi-ARN et surtout piwi-ARN (pi-ARN) en tant que régulateurs spécifiques dans la maturation et la protection des gamètes (contre les invasions par les transposons) ou encore leur interaction dans le processus dit de « reprogrammation » accompagnant la différenciation des gamètes femelles après fécondation, etc.

Les mécanismes mis en œuvre dans ces phénomènes épigénétiques ne mettent pas seulement en jeu un blocage traductionnel des ARN messagers, comme cela a été longuement documenté jusqu'ici. Souvent, en effet, les riborégulateurs intervenant dans ces processus épigénétiques agissent en facilitant la *formation* in situ *de complexes multiprotéiques*, à la façon dont ils « recrutent » les protéines « Argonautes », au cours de la formation du système Risc.

ARN et régulation génétique

En résumé, la régulation de nombreuses activités cellulaires et de diverses fonctions physiologiques des organismes supérieurs (développement embryonnaire, formation et renouvellement des synapses dans le système

---

14. La formule chromosomique du sexe femelle étant XX et celle du mâle XY, il en résulte que si l'un des deux chromosomes femelles n'était pas inactivé au stade où l'ovocyte fécondé commence à se différencier, les cellules somatiques femelles renfermeraient des produits d'expression dérivés du chromosome X, en surdosage par rapport au mâle.

nerveux central, etc.) est souvent réalisée par l'entremise d'ARN non codants de nature et de dimensions moléculaires très variées. Ce type de régulation se présente comme un mécanisme de contrôle très efficace, intervenant dans la plupart des cas à l'étape de traduction des ARN messagers en protéines (contrôle dit « post-transcriptionnel »), parfois également au niveau de la chromatine.

Ce mode de régulation a dû apparaître tôt au cours de l'évolution. Comme nous l'avons montré dans ce chapitre, les bactéries elles-mêmes font souvent appel à de tels mécanismes de régulation. Encore convient-il de souligner que les ARN à fonction régulatrice des bactéries se distinguent souvent de la famille des ARN riborégulateurs des eucaryotes par leurs dimensions moléculaires (rôle de longs ARN non codants) ou par les mécanismes de régulation mis en jeu (*ribo-switches*) qui font directement intervenir des changements réversibles dépendant de facteurs physiques (température) ou de l'environnement métabolique au niveau de l'ARN messager proprement dit. Quoi qu'il en soit, il existe donc une variété considérable dans les modalités de régulation associées aux ARN.

Il est possible que les interactions ARN-ARN sur lesquelles repose, en fait, l'action inhibitrice des riborégulateurs aient prédominé dans les premiers stades de la vie moléculaire, les ARN ayant été, pense-t-on, les premières macromolécules dont l'assemblage a préludé à la vie cellulaire (voir chapitre I). L'émergence, au cours de l'évolution, des protéines et de l'ADN a sans doute été accompagnée d'une multitude d'interactions de ces biopolymères avec les ARN qui constituaient, dans les débuts, le monde moléculaire dominant, offrant au vivant d'énormes possibilités de combinatoires physico-chimiques et biologiques telles qu'on peut les mettre en évidence aujourd'hui.

CHAPITRE IX

Considérations générales sur la biologie des systèmes

Le développement, au cours des récentes décennies, de la « biologie des systèmes » (en anglais *systems biology*) et l'engouement qu'éprouvent aujourd'hui nombre de scientifiques pour cette nouvelle vision du vivant représentent un changement épistémologique important en sciences de la vie. Cela d'autant plus que cette approche se veut, par définition, « rassembleuse » de toutes les voies d'accès à la connaissance du fonctionnement cellulaire ou organismique et des effets produits par le milieu sur ce fonctionnement.

Au plan historique, ce n'est certes pas la première fois que des scientifiques tentent de recourir à des modèles mathématiques pour rendre compte de phénomènes physiologiques généraux (métabolisme, reproduction, régulation, bilan énergétique, etc.). Toutefois, cette démarche à visée synthétique et simplificatrice, souvent dénommée « biologie théorique », a longtemps rencontré un certain scepticisme. On lui a reproché son schématisme, son éloignement des réalités propres au vivant, l'absence de résultats concrets, exploitables par les artisans de la recherche expérimentale.

Pourtant, peu à peu, les attitudes commencent à changer. La modélisation se présente aux yeux de certains comme une étape indispensable « pour aller plus loin ». D'autant que les adeptes d'un retour à l'étude modélisée des systèmes s'appuient de plus en plus sur les données que leur fournit la recherche expérimentale, celle qui relève en particulier de la génomique (description de nouveaux gènes, transcriptomique, protéomique), mais également de l'étude physicochimique des protéines (ou biologie structurale), sans parler de tous les « produits intermédiaires » (facteurs de signalisation ou de développement) associés aux travaux en immunologie ou neurobiologie. *S'il faut, en effet, éviter que la biologie ne se limite à une cartographie, quelque exhaustive qu'elle puisse être, des réactions et des produits cellulaires, un gros effort d'intégration se révèle nécessaire.* D'où le recours à une approche par « systèmes » qui ne conduise pas seulement à des schémas fonctionnels, mais qui permette également de *prévoir* l'évolution de ces mêmes systèmes, en en changeant les paramètres pour tenir compte des effets exogènes : ceux du milieu, de l'environnement, de la communication cellulaire.

Avant même l'essor de la génomique et l'explosion des informations qui devait en résulter, certains scientifiques tels que Hodgkin et Huxley (1952), dans leurs études du potentiel d'action axonal, et surtout Denis Noble (1960), dans son analyse de l'effet « pace-maker » du fonctionnement cardiaque, avaient déjà ouvert la voie en démontrant l'intérêt de la démarche modélisatrice[1].

---

1. Plusieurs décennies après ses premiers travaux sur le rythme cardiaque, Denis Noble a consigné ses remarques générales dans un livre, intitulé *La Musique de la vie. La biologie au-delà du génome*, qui peut être considéré comme un des principaux ouvrages de référence sur la biologie des systèmes. L'auteur y décrit notamment la genèse et le développement des modèles qui lui ont permis de rendre compte du caractère oscillatoire propre au fonctionnement des canaux potassiques et d'autres canaux protéiques membranaires au cours des battements du muscle cardiaque. Les modèles ainsi élaborés montrent com-

Aujourd'hui, les considérations précédentes sur la nécessité impérieuse d'intégrer la foule de données biologiques disponibles semblent rallier nombre de biologistes – sinon tous ! – à la biologie des systèmes. De nouveaux instituts spécialement dévolus à cette approche ont d'ailleurs vu le jour aux États-Unis, au Japon ou en Israël. Certains auteurs (Snoep et Westerhoff, 2005 ; Sauer *et al.*, 2007) voient en cela l'essor d'un domaine nouveau de recherches qui devraient surtout aider à comprendre comment les interactions entre composants cellulaires, concourent à la manifestation de telle fonction physiologique particulière, de tel métabolisme ou comportement.

D'autres, comme Noble, et avec lui la plupart des tenants actuels de la discipline, vont beaucoup plus loin ! Ils considèrent la biologie des systèmes comme un tout nouveau paradigme qui est en train de s'imposer dans l'étude du vivant, véritable antithèse de l'approche réductionniste (généralement d'inspiration moléculaire) qui a prédominé jusqu'ici.

Enfin, il est une autre façon d'appréhender le devenir et l'impact probable de cette biologie systémique, c'est celle dont se prévalent, aujourd'hui, divers représentants du monde médical ou du secteur pharmaceutique. Il est clair, en effet – et ce point de vue sera illustré dans le chapitre suivant –, que les altérations dont sont le siège les mécanismes de signalisation intervenant entre gènes et fonctions cellulaires ou entre gènes et environnement sont au cœur de nombreuses pathologies, tel le cancer. La génomique, l'étude des transcriptomes et des pro-

---

ment l'action du canal protéique génère l'activité rythmique de la cellule (grâce au flux ionique qui s'y établit) et comment, dans l'autre sens, c'est l'activité rythmique elle-même qui génère celle des canaux protéiques. L'ouvrage décrit également les approches intégratives à l'étude d'autres rythmes naturels, tels que le rythme respiratoire ou le rythme circadien.

téomes que permet l'usage des puces à ADN sur support solide (*micro-arrays*) ont fait beaucoup progresser nos connaissances quant à ces dysfonctionnements. L'idée est donc désormais de combiner l'examen des profils d'expression génétique et les approches computationnelles pour repérer les facteurs déclencheurs des maladies, voire pour classer ces dernières.

Prenant appui sur ces techniques d'analyse globale, il s'agit donc d'établir des modèles plus performants pour prévoir les risques de développer telle ou telle maladie – ainsi que l'efficacité des thérapeutiques mises en œuvre et, sans doute plus encore, de pouvoir formuler des pronostics évolutifs fondés sur l'évolution de ces profils génomiques (Lemberger, 2007).

TROISIÈME PARTIE

Génétique contemporaine et connaissance des maladies

La génétique, principalement à travers les avancées techniques qui s'y rattachent ou qui s'en inspirent, est devenue une sorte de « passage obligé » pour l'étude de multiples situations relevant, plus ou moins directement, de l'étude du vivant. Nous en avons rencontré plusieurs exemples dans cet ouvrage concernant, le plus souvent, des questions à caractère fondamental telles que : les origines de la vie, la paléoanthropologie, les mécanismes générateurs de la biodiversité, les nouvelles stratégies en matière de régulation des gènes par les ARN, etc. Bien d'autres illustrations du rôle primordial de l'analyse génétique pourraient être évoquées telles que le développement, la différenciation ainsi que le vieillissement et la mort cellulaire programmée. Nous y ferons d'ailleurs allusion.

À ce stade, plusieurs remarques s'imposent. En premier lieu, faut-il considérer que toute manifestation caractéristique du vivant se ramène à une seule causalité génétique ? Ce serait là une simplification bien abusive ! Si le déterminisme génétique des processus vitaux apparaît de plus en plus important, il faut bien être conscient que l'environnement intervient aussi à tous les niveaux, y compris directement sur le fonctionnement des gènes eux-mêmes, ainsi que nous avons pu le voir à travers les considérations sur l'épigénétique. En deuxième lieu – c'est une évidence –, la biologie ne se résume certes pas à la seule étude des gènes au plan méthodologique. Même si le présent ouvrage a fait une place prépondérante à la biologie moléculaire du gène et à la génomique, *il est clair qu'il existe bien d'autres voies pour accéder à la connaissance physiologique de la cellule et,* a fortiori, *de l'organisme entier et de ses interactions avec le milieu. Le choix du fil conducteur à caractère génétique que le lecteur aura perçu dans ce livre ne doit pas faire oublier les apports considérables que l'on doit à la biologie de la reproduction et du développement, à l'immunologie, aux neurosciences ainsi qu'à l'étude du monde végétal.*

Une troisième remarque s'impose enfin. Tandis que les situations se rattachant à la génétique, telles que nous les avons décrites jusqu'ici, concernent, pour l'essentiel, la biologie fondamentale – le plus souvent au niveau cellulaire –, on est conduit à se demander *en quoi la génétique et les techniques récentes de l'étude des génomes sont susceptibles d'applications à échéance plus ou moins proche.* Nous tenterons de répondre à cette question *en examinant spécifiquement le domaine de la santé*[1].

1. Non que ceux de l'agriculture, de l'étude ou de la protection de l'environnement ou encore de la fourniture d'énergie, etc., soient de moindre importance mais, outre que divers aspects liés à l'étude de la biodiversité ont déjà été pris en compte dans cet ouvrage, tout ce qui touche aux fondements génétiques de la productivité agricole, de la bioénergétique, de la résistance aux pathogènes, aux stress et même, plus généralement, à la physiologie proprement végétale nécessiterait un autre ouvrage. Il nous a fallu faire des choix !

CHAPITRE X

Génétique et santé

Maladies génétiques, cancers

Les maladies génétiques

L'une des conséquences directes, issues des progrès de la biologie moléculaire du gène, relayés par le génie génétique et, depuis une vingtaine d'années, par la génomique, a été de comprendre les causes de toute une série de maladies regroupées aujourd'hui sous le terme de « maladies génétiques ». On a souvent recours à cette dénomination pour opposer ce type de pathologies à celle des maladies transmissibles à caractère infectieux. Encore convient-il de préciser que le terrain génétique de chacun de nous peut jouer également, comme nous le verrons, un rôle important dans la sensibilité aux agents pathogènes.

Bien que les mutations dont notre génome est le siège n'entraînent souvent aucune altération physiologique particulière (mutations dites « neutres »), certaines d'entre elles, qu'elles soient d'origine parentale, qu'elles se développent de façon sporadique chez l'individu adulte ou encore qu'elles résultent d'aberrations dans la répartition des chromosomes, peuvent déclencher des pathologies diverses. Celles-ci peuvent se manifester sous la forme de malformations congénitales (décelables après la naissance) ou par des maladies plus ou moins sévères pouvant affecter chacun de nos organes, y compris notre cerveau.

DONNÉES HISTORIQUES

Avant la connaissance des lois de l'hérédité (Mendel, 1860) et le début de la génétique au XXe siècle, on avait déjà décrit certaines malformations congénitales. C'est ainsi que Maupertuis avait rapporté, dès 1751, l'existence d'une anomalie, la polydactylie, et que Darwin avait fait des observations sur la dysplasie ectodermique. Par la suite, d'autres formes de maladies susceptibles d'altérer la physiologie de certains organes, ou le métabolisme général, ont été observées et souvent remarquablement décrites vers la fin du XIXe siècle, ou au tournant du XXe, telles, que les myopathies (Duchenne, 1852-1868), la maladie de Huntington (Huntington, 1872) ou l'alcaptonurie (Garrod, 1902). Toutefois, même si ces observations étaient très pertinentes et même si l'on commençait à soupçonner (notamment à partir des travaux de Garrod), le rôle de facteurs héréditaires et des mutations, on continua à parler, pendant encore quelques années, d'« erreurs innées du métabolisme ». On doit surtout aux travaux de L. Pauling (1949) et de son élève V. Ingram (1956) d'avoir fourni les premières explications moléculaires précises d'une maladie à caractère héréditaire : la drépanocytose (encadré 9).

Par la suite, les possibilités offertes par le génie génétique de « purifier », et donc de caractériser les gènes porteurs de mutations, puis (grâce aux méthodes de séquençage) de préciser la nature des changements dont ils sont le siège au niveau des chromosomes, allaient accélérer

Encadré 9
La drépanocytose

Cette maladie, fréquente chez les populations du bassin méditerranéen, se caractérise par des changements cytologiques marqués des globules rouges, lesquels adoptent une forme en « faucille » – d'où son autre désignation d'« anémie falciforme ». Les travaux d'Ingram ont permis d'établir que la maladie était provoquée par une mutation, en l'occurrence unique, située dans un gène codant pour la sous-unité α de la globine, le composant protéique majeur de l'hémoglobine. Il a été établi que la mutation provoquait un seul changement au niveau de la séquence en aminoacides de la globine. Cela modifie suffisamment ses propriétés pour causer une altération de sa structure physico-chimique générale et la déformation du globule. Un lien était donc démontré entre, d'une part, la mutation changeant un élément du code génétique de l'ADN et, d'autre part, une modification ponctuelle dans la séquence en aminoacides de la protéine et la manifestation de la maladie : les globules rouges en faucille s'agrègent et ont tendance à obstruer les vaisseaux.

considérablement la description et enrichir le catalogue des maladies génétiques.

TYPOLOGIE DES MALADIES GÉNÉTIQUES

On distingue parmi les maladies génétiques celles qui affectent un gène unique et celles qui en affectent plusieurs.

– *Les premières sont donc dites « monogéniques »*. C'est, par exemple, le cas de certains types de drépanocytoses (anémie falciforme) où une mutation unique peut changer un seul aminoacide au sein du composant protéique de l'hémoglobine, la globine, qui se trouve remplacé par un autre, ce qui peut affecter la charge (électrique) de la protéine ainsi altérée. Un autre exemple est celui de la mucoviscidose (changement du canal pour les ions chlore) ou encore de la maladie de Huntington. Leur fréquence d'apparition est rare (quelquefois souvent inférieure à 1/100 000), d'où le terme utilisé parfois, pour s'y référer, de « maladies rares ». En revanche, l'éventail de ces maladies, c'est-à-dire le nombre de *types distinctifs*, est très large. On pense qu'il correspond aujourd'hui à des valeurs comprises, selon la littérature scientifique, entre 3 000 et plus de 6 000 variétés. La nosologie[1] de ces maladies a connu d'immenses progrès. Pour en donner un exemple, on connaissait, il y a une trentaine d'années, moins d'une dizaine de maladies neuromusculaires (affectant les muscles du squelette qui sont sous commande du système nerveux périphérique). Or le catalogue des maladies neuromusculaires décrites aujourd'hui, grâce aux nouvelles techniques et méthodes inspirées de la génétique moderne, avoisine la centaine.

– *La seconde catégorie de maladies génétiques est dite « multigénique »*. Ce sont les plus fréquentes. Il s'agit souvent de maladies ou de syndromes chroniques : diabètes, syndromes rhumatoïdes, obésités, maladies cardio-vasculaires, etc. Les cancers sont également, comme nous le verrons, des maladies multigéniques. En outre, plusieurs maladies neurologiques sont en fait accompagnées par (sinon exclusivement dues à) une série de mutations géniques. Plusieurs événements génétiques, plusieurs mutations sont nécessaires à leur déclenchement. Parmi les gènes impliqués figurent des « gènes de prédisposition » (en anglais, *susceptibility genes*). En effet, certaines mutations, la présence de certaines variations de séquence (polymorphismes) à l'intérieur de ces gènes, accroissent souvent de façon très importante, la probabilité (le « risque ») de survenue de la

1. Attribution à la maladie étudiée d'une spécificité précise permettant de la distinguer d'autres formes voisines.

maladie génétique, laquelle sera liée à un événement mutationnel au sein d'un ou de plusieurs gènes de causalité plus directe.

LES GÈNES DE PRÉDISPOSITION, LE TERRAIN GÉNÉTIQUE

La mise en évidence de ces gènes de prédisposition a représenté une étape capitale dans l'approche biologique et médicale à l'étude et au diagnostic avant-coureur des maladies, qu'il s'agisse de maladies génétiques proprement dites ou de cancers dont on sait qu'ils sont également la conséquence d'une cascade d'événements génétiques.

D'une manière générale, apparaît donc aujourd'hui l'importance du « terrain génétique » de chaque personne quant aux risques qu'elle encourt de contracter telle ou telle maladie ou, au contraire, d'y résister (par rapport à la moyenne des individus). Interviennent, dans ce contexte, un ensemble de caractéristiques concernant le génome individuel parmi lesquelles :

– *Le degré de variabilité des gènes de notre système HLA*, ou gènes d'histocompatibilité, appelés aussi, « gènes du soi et du non-soi ». Les produits d'expression de ces gènes (découverts par Jean Dausset en 1953) sont des glycoprotéines présentes à la surface de toutes les cellules. Elles jouent un rôle majeur (en liaison avec l'α-2-microglobuline) dans la « présentation » des antigènes aux éléments du système lymphocytaire. Ces gènes et leurs produits permettent ainsi de discriminer entre nos propres constituants protéiques (antigènes du soi) et les constituants étrangers (non-soi) en provenance, par exemple, d'agents pathogènes. Or le degré de variabilité qu'affichent les antigènes HLA, d'un individu à l'autre, est considérable !

Il conjugue, en effet, la diversité de l'assortiment des gènes HLA hérité de nos parents, avec un taux de variation allélique très élevé, de sorte qu'en dehors des vrais jumeaux monozygotes, on peut dire qu'*aucun individu ne possède une combinaison d'antigènes HLA semblable à celle d'un autre*. Or il est établi que l'existence de telle ou telle variation de séquence au sein d'un antigène HLA peut accroître de façon très prononcée le *risque* de contracter certaines maladies[2]. À l'inverse, d'autres variations peuvent conférer une résistance accrue à des affections – par exemple le HLA B53 qui réduit les risques de paludisme.

– *L'existence des polymorphismes de séquence.* Chaque individu diffère de tous les autres par une multitude (environ 3 à 4 millions) de micromodifications dans son génome. Celles-ci consistent en un changement ponctuel d'une seule base (par rapport à la moyenne des individus) du « texte génétique » que représente le génome humain. Ces substitutions, de caractère aléatoire, se produisent vraisemblablement au cours de la « réplication » de l'ADN. On les décèle, en moyenne, lorsque l'on détermine la séquence génomique d'une personne, à raison d'une base nucléique modifiée toutes les 1 000 bases. Elles sont désignées, le plus souvent, comme des « polymorphismes au niveau d'un nucléotide unique » (en anglais, *single nucleotide polymorphism* ou SNP).

– *Un ensemble de particularités concernant la séquence du génome à l'échelle individuelle* : microdélétions (absence de certaines portions d'un gène), duplications, transpositions, distributions et degrés de répétition de certaines séquences satellites, etc.

---

2. Exemples : la présence de la variation B27 au sein de l'antigène codé par le gène HLA-B accroît de près de quatre-vingt-dix fois la probabilité de contracter une spondylarthrite ankylosante ; celle du variant HLA-DQ-B1 accroît d'environ cinquante fois la survenue d'une rétinopathie, etc.

– *Des modifications épigénétiques* : on entend par là des modifications biochimiques affectant soit des constituants protéiques du matériel héréditaire, telles que les histones qui constituent la charpente et l'enveloppe des chromosomes, soit l'ADN lui-même, par méthylation de certaines bases nucléiques, essentiellement la cytosine (C) présente au niveau des points de démarrage de la transcription des gènes. Cette méthylation du « promoteur » (ou motif CpG) entraîne en effet l'inactivation du gène situé au voisinage immédiat. Contrairement aux mutations classiques, les modifications épigénétiques, quoique généralement transmissibles, *n'affectent donc pas la séquence ADN proprement dite des gènes*. Elles interviennent en fonction de divers facteurs de l'environnement.

Il existe donc, comme on peut le voir, de nombreuses caractéristiques, d'origine parentale ou d'acquisition spontanée, qui contribuent au *terrain génétique* (mais aussi au terrain immunologique dans le cas des gènes HLA) de chacun de nous. La probabilité de survenue (qu'elle soit accrue ou réduite), mais aussi le degré de sévérité des maladies génétiques en sont profondément influencés[3].

Ainsi la biologie contemporaine a jeté un nouvel éclairage sur bon nombre de maladies que l'on considérait souvent, avant l'essor de la génétique et de la biologie moléculaire, comme dues uniquement à des effets de l'environnement (l'alimentation, par exemple), à de mauvaises conditions d'hygiène ou – comme nous le verrons à propos des maladies neurologiques – à des changements liés à une altération des relations parentales,

---

3. Cela nous conduit incidemment à nuancer quelque peu la distinction entre maladies mono- et multigéniques !

sociales, éducatives[4]... Or il n'est pas jusqu'aux maladies dites transmissibles (consécutives à l'action d'agents pathogènes) qui ne soient, quant à leur incidence, leur sévérité, le degré de résistance, tributaires, au moins en partie, du terrain génétique. L'existence d'une composante génétique et son identification permettent, comme nous l'avons vu, d'affiner les critères nosologiques (typologie), d'établir des diagnostics (risques de survenue, pronostics évolutifs...) et, comme cela sera développé ci-après, d'envisager de nouvelles stratégies thérapeutiques. Pour autant, l'environnement (habitudes alimentaires, sédentarité, consommation de tabac, d'alcool, action de certains climats, effets de certains polluants ou de virus, etc.) intervient aussi pour une part très importante dans la sensibilité individuelle à des maladies qui sont, par ailleurs, associées à des mutations génétiques.

Les maladies neurologiques

Les maladies neurologiques ont, dans la plupart des cas, une composante génétique, laquelle est plus ou moins bien établie, ce qui ne signifie nullement que cette « composante » soit l'unique facteur de causalité ! De nombreux autres déterminants « extérieurs », de nature environnemen-

4. Les troubles de la perception sensorielle et, en particulier, ceux qui affectent l'audition ou l'olfaction constituent également un ensemble de pathologies qui ont beaucoup bénéficié depuis une vingtaine d'années des progrès de la génétique. Une illustration patente est l'identification d'une cinquantaine de gènes dont les mutations peuvent entraîner des surdités, gènes dont beaucoup ont été caractérisés dans le laboratoire de Christine Petit à l'Institut Pasteur. Ces mutations altèrent souvent l'appareil cochléaire ; d'autres prédisposent à une surdité déclenchée par le bruit ou par le vieillissement (voir aussi le numéro spécial du *Point* consacré à l'Institut Pasteur et paru en 2008).

tale, interviennent également. Mais la question posée ici, comme elle l'est à propos des maladies génétiques de façon générale, est : *dans quelle mesure les connaissances dont nous disposons quant aux déterminants génétiques des maladies neurologiques peuvent-elles contribuer à améliorer leur typologie, leur diagnostic, leur pronostic évolutif et, si possible, leur traitement* ?

Les maladies atteignant le système nerveux central peuvent revêtir des formes très variées et affecter le comportement psychique, émotionnel et social à des degrés plus ou moins prononcés. Toutefois, d'une manière générale, on distingue souvent, parmi les maladies neurologiques affectant le système cérébral, un ensemble de pathologies à caractère neurodégénératif plus ou moins prononcé (par exemple, les maladies d'Alzheimer, de Parkinson, de Huntington, etc.) et celles que l'on dénomme « maladies psychiatriques » (comme la schizophrénie, les désordres obsessionnels, les autismes, etc.).

Parmi les maladies neurologiques les plus répandues, certaines sont en général d'incidence assez tardive (comme celles d'Alzheimer et de Parkinson). D'autres, comme la schizophrénie, surviennent précocement. D'autres encore, comme les troubles autistiques ou les formes de retard mental liées à des mutations au sein du chromosome X, se manifestent même dès le plus jeune âge.

La maladie d'Alzheimer a été décrite il y a plus de cent ans. Avant l'essor de la biologie moléculaire et de la génétique, les chercheurs et cliniciens avaient caractérisé les signes anatomiques associés à cette pathologie : formation d'agrégats insolubles dans le cerveau, appelés « plaques séniles », consistant en des dépôts d'une protéine (ou plutôt d'un peptide) dit « amyloïde » ; existence, dans les prolongements axonaux, de dégénérescences neurofibrillaires consécutives à des mutations altérant un facteur d'assemblage des microtubules, la protéine tau, etc. Les gènes correspondant au précurseur protéique des peptides amyloïdes (appelé APP) localisés sur le chromosome 21 ainsi que le gène de la protéine tau et les mutations incriminées ont été caractérisés, au cours de ces deux ou trois dernières décennies. D'autres mutations ont été identifiées au niveau des présénilines 1 et 2 (chromosomes 14 et 1). La maladie pourrait être provoquée par un découpage enzymatique anormal du précurseur APP entraînant la formation des dépôts extracytoplasmiques, suite à des mutations dans les gènes codant pour les enzymes concernées lesquelles pourraient être les véritables éléments déclencheurs. Enfin, et plus récemment, ont été mis en évidence des facteurs de risque génétique, dont certains ont été évoqués précédemment. Il s'agit de mutations concernant le gène ApoE (apolipoprotéine E) lequel joue un rôle dans le métabolisme des lipoprotéines plasmatiques. Certaines mutations donnant lieu à la formation du variant ApoE-ε4 sont responsables d'un déclenchement précoce de la maladie, tandis que le variant ApoE-ε2 exerce, au contraire, un certain effet protecteur, retardant son apparition[5]. Récemment de nouveaux gènes ont été impliqués dans la maladie d'Alzheimer. Deux d'entre eux, le gène CR1, identifié dans l'équipe dirigée par Philippe Amouyal, et le gène CLU (clusterine), découvert par l'équipe britannique dirigée par Julie Williams (Alzheimer Research Trust), joueraient un rôle important dans l'élimination des dépôts amyloïdes.

D'autres maladies neurologiques ont fait l'objet d'études génétiques. Ainsi la caractérisation du gène codant pour la l'α-synucléine a conduit à préciser le rôle de cette protéine dans la *maladie de Parkinson*, rôle se

---

5. D'autres « associations » à risque ont également été décrites entre la maladie d'Alzheimer et une délétion d'un polymorphisme existant normalement dans un intron du gène de l'α-2-microglobuline (Blacker *et al.*, 1999).

manifestant par des effets toxiques entraînant la mort des neurones producteurs de dopamine présents dans une région du cerveau appelée *substantia nigra*, et par la formation d'agrégats insolubles, les corps de Lewy. Bien entendu, le gène de la synucléine n'est pas seul en cause et d'autres mutations associées à la maladie ont été identifiées. En particulier, les corps de Lewy, qui s'observent à l'intérieur du cytoplasme ou des prolongements neuronaux, renferment d'autres constituants protéiques que l'α-synucléine, tels que de l'ubiquitine, de la parkine (E3 ubiquitine-ligase), ainsi que de la synphiline-1. L'α-synucléine jouerait un rôle dans la plasticité synaptique. On pense que le rôle de la parkine serait en rapport avec la destruction des agrégats liés à l'existence de protéines de configuration anormale.

Enfin, certaines maladies affectant le système nerveux central (ou périphérique) sont liées à des anomalies se situant au niveau du chromosome X, telles que la *maladie de Huntington*, la *dystrophie myotonique*, etc. Elles reposent sur un mécanisme singulier qui diffère d'une altération mutationnelle classique modifiant une ou plusieurs protéines ayant une fonction clé ou acquérant des propriétés toxiques. Elles sont consécutives à *une expansion de triplets*. En effet, comme nous l'avons rapporté précédemment, notre ADN comprend, à côté des gènes « classiques », codant pour des protéines ou des ARN, de courtes séquences souvent dénommées « éléments répétitifs », sortes de motifs pouvant comporter 2, 3, ou 4 bases, voire davantage. Ces éléments, très fréquents dans notre génome, peuvent former des « associations répétitives en tandem » (*tandem-repeats*) ou être dispersés çà et là dans la continuité du génome. Leur nombre (la fréquence de leur répétition) peut varier d'un individu à l'autre. Or on a constaté que, dans diverses maladies neurologiques, le nombre de certains éléments répétitifs à trois lettres (ou triplets)[6] s'accroissait à chaque nouvelle génération, formant des alignements de plus en plus étendus. Ce mécanisme d'expansion devient alors si prononcé qu'il obère souvent le fonctionnement de gènes (véritables) se trouvant à proximité ! La nature des triplets ainsi amplifiée diffère d'une maladie ou d'un syndrome à l'autre. Le retard mental lié à l'X fragile, anomalie découverte en 1991 par l'équipe de J.-L. Mandel à Strasbourg, relève de ce mécanisme[7].

Les maladies psychiatriques

Ces maladies qui incluent, comme nous l'avons déjà signalé, la schizophrénie et certaines formes de dépression, constituent de fait, selon des données récentes, les troubles pathologiques, responsables d'incapacité plus ou moins prononcée, parmi les plus fréquents, tant en Europe qu'en Amérique du Nord. Elles sont d'autant plus préoccupantes que leur survenue se situe souvent à une phase précoce, voire très précoce, de la vie, leurs effets

6. Parmi les triplets dont l'expansion est la plus fréquemment observée, figure la séquence (CAG) qui code pour un résidu protéique inhabituel, à savoir la *glutamine*, ce qui provoque l'apparition de protéines associées à un enchaînement formé d'unités glutamine juxtaposées. Ces protéines à polyglutamine sont généralement insolubles. Par exemple, dans la maladie de Huntington, le gène codant pour la protéine huntingtine est associé à une séquence polyglutamine correspondant à 37 « répétitions » du triplet CAG. À la suite de mutations au niveau de l'exon-1, ce nombre de triplets peut dépasser 150 (Gusella et Mc Donald, 1995).

7. Le retard mental lié à l'X est souvent causé par une expansion du triplet CGG entraînant une hyperméthylation localisée qui affecte le gène FMR1, lequel intervient dans la traduction des ARN messagers au niveau des terminaisons postsynaptiques.

pouvant perdurer tout au long de l'existence. Elles affectent, ou peuvent affecter, tant la perception de l'individualité propre que la créativité et les relations sociales.

L'attention a été récemment attirée sur le fait qu'on ne peut faire état d'aucune percée majeure dans le traitement de la schizophrénie[8] au cours des cinquante dernières années ou que le traitement de la dépression n'évolue que lentement depuis les deux dernières décennies. Bien que la pharmacologie ait apporté une aide non négligeable à certains groupes de patients, un pourcentage élevé de personnes atteintes ne connaissent pas d'amélioration.

Ces maladies sont d'une grande complexité. Elles résultent, en toute vraisemblance (nous le verrons plus en détail dans l'exemple des troubles autistiques), d'*altérations de circuits neuronaux* (ensembles fonctionnels des cellules du cerveau, sur lesquels reposent nos facultés cognitives et nos comportements). Des milliers de gènes sont impliqués dans le développement et le fonctionnement du système nerveux. Mais, du fait de l'hétérogénéité et de la complexité des manifestations observées, la plupart des gènes impliqués, dans les pathologies qui les accompa-

---

8. Une étape importante dans l'étude biologique de la schizophrénie vient toutefois d'être franchie par un groupe de chercheurs américains. Ces chercheurs ont mis à profit, la technique développée, il y a quelques années, par le docteur Yamanaka (Tokyo). Elle consiste à transformer, par transgenèse *in vitro*, de simples cellules de peau, prélevées chez un patient, en cellules embryonnaires pluripotentes. Ces dernières, une fois mises en culture, peuvent se différencier en une multitude de tissus dont la nature dépend des facteurs spécifiques ajoutés au milieu. Des cellules embryonnaires ainsi reconstituées provenant d'un groupe important de schizophrènes ont été converties *in vitro* en neurones et ceux-ci comparés aux neurones préparés dans des conditions similaires, mais provenant d'un groupe témoin. Diverses anomalies, caractéristiques de l'état schizophrène, ont ainsi été mises en évidence. Certains agents pharmacologiques utilisés pour améliorer les effets de la schizophrénie ont pu ainsi voir leur action étudiée comparativement sur les deux types de cultures neuronales. Parmi ces agents, certains ont manifestement provoqué une réduction des anomalies observées !

gnent, n'ont pas encore été identifiés, bien qu'il soit établi que ces désordres sont génétiquement héritables (observations réalisées sur des jumeaux monozygotes). Il existe, à tout le moins, une vulnérabilité génétique partagée par les membres d'une même famille, mais elle varie d'une famille à l'autre[9].

D'où l'intérêt considérable (voire l'urgence) de recourir aux techniques récentes de la génomique et notamment au séquençage à haut débit qui devrait se développer de pair avec l'analyse des circuits neuronaux. D'autant qu'il s'est déjà révélé possible de localiser les altérations de ces « circuits » dans certaines affections telles que la dépression, l'anxiété ou les désordres obsessionnels. Les nouvelles avancées dans le domaine de l'imagerie du cerveau sont, elles aussi, et de toute évidence, appelées à jouer ici un rôle essentiel ! Néanmoins, pour en revenir aux applications possibles dérivées de la génomique, à mesure que seront découverts de nouveaux variants associés à des désordres psychiatriques, il deviendra possible de transférer expérimentalement ces mutations dans des modèles murins de manière à simuler certains traits marquants de ces désordres, ce qui facilitera, à coup sûr, la recherche de molécules nouvelles douées d'activité pharmacologique.

---

9. Des indications intéressantes ont été obtenues, notamment dans l'étude de la schizophrénie, grâce à l'utilisation des techniques reposant sur la mise en œuvre des « puces à ADN » (technique appelée « *DNA microarrays* » en anglais) qui permet de comparer le « patron » (*pattern*) d'expression des gènes chez les personnes atteintes et les témoins au niveau de leur transcriptome global. On a pu ainsi démontrer, par exemple, que les transcrits codant pour des protéines impliquées dans la régulation des fonctions présynaptiques (protéines dites du groupe PSYN) étaient en concentration bien moindre chez les sujets atteints de schizophrénie que chez les témoins (voir Mirnics *et al.*, 2000 et Mirnics *et al.*, 2003).

Les autismes

On range sous cette appellation un ensemble de syndromes, liés au chromosome X et affectant plus ou moins sévèrement le comportement précoce, surtout chez les garçons. Les troubles observés peuvent s'accompagner ou non de sérieuses difficultés dans l'expression verbale. Le plus souvent, ils se caractérisent par un défaut dans la communication, une diminution de la sociabilité et un degré plus ou moins prononcé dans le développement intellectuel de l'enfant.

Du fait de la multiplicité des formes et des manifestations pouvant accompagner ces troubles, on préfère souvent faire référence pour désigner les syndromes qu'ils recouvrent à la dénomination de « spectre autistique ». On sait encore relativement peu de chose sur d'éventuelles bases génétiques de ces manifestations, lesquelles sont assez fréquentes (1 enfant sur 1 000). Des études récentes ont permis toutefois d'associer certains types de troubles autistiques à des mutations affectant des protéines localisées aux sites de jonction synaptique[10]. Certaines, telles que les *neurolexines*, sont présentes aux terminaisons présynaptiques. D'autres, en revanche, correspondent à des facteurs postsynaptiques tels que les *neuroligines (facteurs d'adhésion cellulaire) et la protéine shank-3*. Il n'est donc pas interdit de penser que, du moins pour certaines formes d'autisme, interviendraient des altérations dans la transmission synaptique affectant des réseaux neuronaux par-

10. Ces résultats, fort importants, émanent du laboratoire de T. Bourgeron à l'Institut Pasteur. Deux mutations (NLGN-3 et 4) ont été localisées sur le chromosome X. La mutation affectant Shank-3 se situe sur le chromosome 22.

ticuliers[11]. Toutefois, d'actives recherches sont poursuivies pour approfondir la caractérisation d'autres déterminants génétiques éventuels.

Génétique des cancers

Dire que la génétique, telle qu'elle s'est développée au cours de ces trois ou quatre dernières décennies, a révolutionné notre compréhension des mécanismes qui sont à l'origine du déclenchement et de la propagation des cancers, relève presque du lieu commun ! Les cancers sont, en effet, des pathologies à la fois multifactorielles et à multiétapes, c'est-à-dire qu'ils sont liés à une succession d'événements génétiques (mutations spontanées ou modifications épigénétiques) souvent provoqués par divers facteurs de l'environnement (tabac, modes de nutrition, cancérigènes chimiques, certaines atteintes virales, etc.). Depuis le début des années 1980, les biologistes ont mis en évidence, dans leur développement, la contribution (souvent manifestée dans des processus « en cascade ») de modifications génétiques : au niveau de « familles de gènes », tels que les *oncogènes* (parfois dénommés « gènes de cancers »), les *antioncogènes* (ou gènes « suppresseurs »), les gènes de *réparation de l'ADN*, mais, également, les gènes contrôlant la *mort cellulaire programmée* (*apoptose*), sans oublier, d'ailleurs, divers remaniements dans la séquence de l'ADN : expansions de triplets génétiques, transpositions chromosomiques, etc.

11. Des travaux récents dus au docteur Guoping Feng de Duke University indiquent que les souris porteuses de mutations dans le gène shank présentent, dans leur comportement, des « anomalies réminiscentes », par exemple en termes de sociabilité, de ce que l'on observe chez des patients atteints d'autisme.

Nous allons tenter de dégager ici les aspects les plus significatifs de cette génétique des cancers laquelle éclaire le monde scientifique et médical, non seulement sur les mécanismes moléculaires en cause, mais également sur le rôle du terrain génétique en matière de prédisposition ainsi que sur les approches diagnostiques, voire thérapeutiques.

ONCOGÈNES

Une des premières percées dues à la génétique, dans l'étude des cancers, peut être datée de la fin des années 1970. Il s'agit de la mise en évidence de mutations affectant des gènes particuliers baptisés « oncogènes ». On avait précédemment décrit avec précision comment certains virus animaux (SV40, polyome, etc.) provoquent une « transformation maligne » dans des cultures de cellules murines et mis en évidence le rôle de certains gènes viraux dans le processus d'acquisition de l'état cancéreux. L'étude d'un cancer particulier, fréquent chez les oiseaux, également d'origine virale, le sarcome de Rous, avait conduit à caractériser le rôle « transformant » du gène Sarc (SrC) présent dans le génome du virus responsable. D'autres gènes viraux transformants avaient été découverts, associés à d'autres types de cancers.

En 1976, Stehelin, Bishop et Varmus ont rapporté que le génome animal comprend, *à l'état naturel, des gènes équivalents aux gènes transformant des virus, mais normalement dépourvus de pouvoir cancérigène*, car soumis dans les cellules à une régulation stricte. Ces « *proto-oncogènes cellulaires* » jouent un rôle considérable dans les processus de signalisation. *Ils règlent, en effet, l'état de division de la cellule normale en fonction du milieu dans lequel elle se trouve.* La propagation des signaux, émis par le milieu, fait intervenir des récepteurs de surface, des enzymes de phosphorylation (kinases), des facteurs de transcription. Ainsi se transmet, à travers cette cascade d'intermédiaires, l'effet du signal exogène du milieu jusqu'au noyau, déclenchant la division cellulaire.

Une quarantaine de ces proto-oncogènes cellulaires ont été décrits. Leur rôle est également capital dans le réglage des divisions en fonction du *nombre de cellules présentes* dans la population tissulaire. En effet, dans les conditions normales, lorsque ce nombre devient élevé, se produit alors une *inhibition de contact*, laquelle fixe donc les limites spatio-temporelles du tissu correspondant en formation. Or on sait aujourd'hui que, si des mutations apparaissent au sein des « proto-oncogènes cellulaires », *certaines sont capables de déclencher des cancers*. Les proto-oncogènes « activés » par ces mutations ont parfois été décrits sous le nom de « gènes de cancers ». L'activation mutationnelle des proto-oncogènes cellulaires peut être produite par des facteurs tels que des radiations, des cancérigènes chimiques ou par des virus[12]. Le proto-oncogène muté devient donc un « oncogène » véritable. Son expression échappe désormais aux signaux régulateurs émis par les autres gènes du réseau et aux signaux environnants. La cellule qui est le siège de cette mutation acquiert ainsi la potentialité de se diviser de façon « anarchique » en devenant notamment réfractaire à l'inhibition de contact évoquée ci-dessus.

---

12. Ces derniers, en infectant une cellule normale, peuvent entraîner avec eux dans leur génome en réplication un oncogène cellulaire lequel, remanié, devient générateur de cancers lors de l'infection d'une population normale.

ANTIONCOGÈNES OU « GÈNES SENTINELLES »

Quelle que soit la façon dont on peut la concevoir, il y a comme une « sagesse cellulaire » (que certains ont appelée « téléonomie »). Les rapports de la cellule avec son milieu sont d'une importance si fondamentale que toute mutation dans le réseau de signalisation entretenu par les proto-oncogènes cellulaires pourrait avoir des conséquences catastrophiques sur l'équilibre physiologique global de l'organisme.

Or la modification d'un proto-oncogène en un oncogène actif ne provoque que rarement, à elle seule, l'apparition de l'état cancéreux. Il existe, en effet, des *barrières génétiques* qui contrecarrent les effets de ces modifications. Elles constituent une première ligne de défense. Cette défense est assurée par l'action d'une catégorie de gènes baptisés initialement « antioncogènes », puis « gènes suppresseurs ». Ils sont parfois désignés également, de façon imagée, du nom de « gènes sentinelles ».

Parmi les gènes suppresseurs les plus connus, il convient de citer *Rb*, l'un des premiers à avoir été caractérisé, qui intervient par son action antioncogénique dans les rétinoblastomes, mais aussi *VHL* (cancers des cellules rénales), *APC* (cancers colorectaux) et surtout *p53*, l'un des mieux étudiés à ce jour. En effet, les modifications génétiques dont celui-ci peut être le siège et qui l'inactivent (modifications pouvant être engendrées par les radiations UV, le tabac, etc.) *sont associées à la plupart des cancers du côlon, à la moitié des cas de carcinomes pulmonaires et sont observées dans une très grande diversité de cancers* (encadré 10).

Encadré 10
À propos du gène p53

Le gène p53, activé, par exemple à la faveur d'erreurs de réplication elles-mêmes à l'origine de cancers, déclenche à son tour l'expression d'autres gènes tels que GADD45, MDM2, P21-WAF1/CIP-1 et cycline G. Ces gènes, notamment P21-WAF1/CIP-1, sont des inhibiteurs du cycle cellulaire. Leur activation par p53 empêche la propagation de la cellule cancéreuse et entraîne éventuellement sa disparition par apoptose (mort cellulaire programmée).
Compte tenu du rôle central du gène p53 dans la progression de l'état cancéreux (suite à des mutations de proto-oncogènes, à des lésions du matériel génétique, etc.), de nombreuses tentatives ont été effectuées ou sont en cours, pour en tirer parti dans des essais de thérapie génique avec, il est vrai, des résultats qui demeurent préliminaires.

SYSTÈMES DE RÉPARATION ET CANCERS

Outre les mutations qui peuvent affecter les proto-oncogènes (ces gènes dont l'importance est si grande pour l'équilibre « cellules-milieu » et pour la communication intercellulaire), d'autres événements, d'origine physique cette fois, peuvent agir au niveau de l'ADN et, s'ils ne sont pas réparés, provoquer des cancers. En effet, *à l'état normal*, l'ADN cellulaire est le siège d'un grand nombre de modifications chimiques endogènes dont les effets sont corrigés, le plus souvent, grâce à des systèmes de réparation d'une très grande efficacité. Ces modifications, ou lésions, consistent en des cassures de liaisons phosphodiesters au niveau d'une ou des deux chaînes d'ADN constituant la double hélice. Il peut s'agir également de pertes localisées de bases puriques ou pyrimidiques (sans clivage des enchaînements *phosphodiesters*) ou encore de phénomènes d'oxydation au niveau des bases. On estime que, même en condition normale, le nombre de ces lésions réparables est de l'ordre de 3 000 par cellule et par heure ! Les systèmes de réparation sont variés, efficaces et parfaitement adaptés au type de lésion ! Par exemple, très souvent, lorsqu'une base nucléique est endommagée, intervient une enzyme capable d'exciser la base altérée en clivant son lien avec le désoxyribose ; après quoi, il y a coupure du lien phosphate (endonucléase) et reconstitution du nucléotide correct par une polymérase. L'excision du lien base-désoxyribose est souvent catalysée par des ADN-glycosylases.

En revanche, si les atteintes naturelles de l'ADN ne sont pas réparées, elles peuvent être à l'origine de divers cancers. C'est le cas, par exemple, lorsque les gènes codant pour les enzymes de réparation, telles que les ADN glycosylases proprement dites, subissent eux-mêmes des mutations qui en abolissent l'activité.

L'IMPORTANCE DES TÉLOMÉRASES

Un autre facteur intervient de façon prédominante dans le développement de la cellule cancéreuse et dans sa survie : il s'agit des mécanismes de réparation des séquences télomériques. On désigne ainsi des séquences très particulières d'ADN qui se trouvent en position terminale des chromosomes et sont constituées par l'alignement de motifs riches en cytosine et en adénine juxtaposées et pouvant être répétées plus d'une cinquantaine de fois. Chez l'homme, ce motif s'écrit CCCTAA (sur l'un des brins) et GGGATTG (sur le brin complémentaire).

Dans une cellule normale, chaque division s'accompagne de l'élimination d'une partie des motifs de cette séquence télomérique. Lorsque leur nombre devient trop petit, les divisions s'arrêtent. On sait que ces séquences sont synthétisées (ou réparées) par une enzyme très particulière appelée « télomérase », constituée d'une protéine et d'un ARN servant de matrice pour la synthèse des motifs ADN.

Or, tandis que la télomérase est pratiquement inactive dans les cellules adultes normales, elle est abondante et active dans les cellules cancéreuses, ce qui explique leur très grand pouvoir de division.

SUICIDE CELLULAIRE (APOPTOSE) ET CANCERS

Outre les barrières génétiques que peut opposer la cellule à la propagation des cancers, en bloquant les divisions anarchiques qui les accompagnent, grâce aux gènes suppresseurs (de type p53) ou en réparant les lésions de l'ADN à effet cancérogène plus ou moins direct (gènes de réparation désignés en anglais sous le nom de *caretakers*), existe une autre stratégie de défense, plus générale, et qui peut s'avérer très efficace. Elle repose sur l'activation de certains gènes *capables de déclencher le suicide des cellules endommagées et, plus spécialement, des cellules cancéreuses* ! Ce phénomène remarquable de mort, ou suicide cellulaire « programmé », encore dénommé « apoptose », (dont on avait observé certaines manifestations dès 1842) et dont on a pu établir l'importance générale en embryogenèse et différenciation somatique, n'a pu être vraiment élucidé au plan génétique que dans le début des années 1970.

Comment et dans quelles conditions la cellule commet-elle son propre suicide (sorte de stratégie dite de la terre brûlée !) ? Sans entrer ici dans une description précise de la génétique, au demeurant très complexe, de l'apoptose (Ameisen, 1999 ; Gros, 2009), précisons qu'il existe une famille de gènes particuliers, *déclencheurs du suicide cellulaire* (dits « gènes exécuteurs »), faisant intervenir, par exemple, des enzymes, les caspases, capables de dégrader les protéines membranaires ou l'ADN et des facteurs changeant le potentiel transmembranaire mitochondrial, etc. Le fait le plus remarquable réside sans doute dans l'existence de gènes, distincts des précédents, dont le rôle est d'activer ces gènes « exécuteurs », tandis qu'une autre catégorie de gènes empêche cette activation, ces gènes « empêcheurs » étant à leur tour « verrouillés » par des gènes « inhibiteurs » ! Ces processus de *régulation en cascade* (par double, voire triple « négation ») répondent apparemment à une logique (cellulaire) qui implique un conditionnement extrêmement précis du processus d'apoptose, lequel n'entre en jeu que dans des conditions dépendant, à la fois, du milieu, du degré de développement et/ou de l'état pathologique éventuel des cellules et des tissus.

Or l'établissement et la progression des foyers cancéreux s'accompagnent, précisément, d'une inhibition des gènes intervenant dans le déclenchement du suicide cellulaire. A contrario, *diverses stratégies anticancéreuses s'orientent, en bonne logique, vers la conception de molécules susceptibles d'« activer » l'apoptose des cellules cancéreuses ou des cellules de tissus environnants qui les nourrissent*[13] !

Enfin, l'apparition des cancers peut relever d'autres mécanismes ou facteurs dits « épigénétiques » (encadré 11).

---

13. Parmi les gènes dont les travaux récents ont pu établir qu'ils pouvaient déclencher l'apoptose des cellules cancéreuses, figurent le gène codant pour une phosphorylase, la DAP-kinase (qui altère les membranes cellulaires ou mitochondriales) ou le gène BID qui semble agir de même.

Encadré 11
Qu'entend-on par « facteurs épigénétiques » ?

L'ADN occupe une telle place dans notre imaginaire contemporain, en tant qu'archétype de l'individualité génétique qu'on en vient à oublier parfois tout ce qui l'entoure au sein du noyau cellulaire, à savoir les nombreuses composantes moléculaires auxquelles il est associé dans les chromosomes. Il s'agit en l'occurrence de protéines parmi lesquelles les « histones », dont certaines représentantes y figurent à l'état d'assemblages permanents (appelés nucléosomes). Ces nucléosomes se présentent comme de petits globules protéiques autour desquels s'enroule l'ADN ! Cet ensemble, composé d'ADN et de protéines fort diverses, constitue ce que l'on appelle la chromatine. Or le degré de compaction et la composition en protéines de la chromatine peuvent être modifiés sous l'influence de facteurs environnementaux.
Il en résulte alors des conséquences, de signes positif ou négatif, sur l'activité de certains gènes. Ces modifications épigénétiques de la chromatine liées à l'environnement peuvent se transmettre de façon héréditaire, bien que, contrairement aux mutations classiques, elles n'affectent pas la « séquence » proprement dite de l'ADN. Elles se rangent principalement dans deux grandes catégories :
1. la méthylation, (sous l'effet d'ADN méthylases spécifiques) de certaines bases nucléiques – principalement la cytosine (C) présente au sein du motif « CG » –, ce qui bloque le fonctionnement du gène qui se trouve à son voisinage ;
2. des changements dans la composition en protéines présentes dans les chromosomes et notamment des histones.

MODIFICATIONS ÉPIGÉNÉTIQUES ET CANCERS

La cancérologie moderne a mis en lumière l'importance des modifications épigénétiques et notamment des méthylations de la cytosine (voir *supra*) dans l'apparition des cancers. C'est ainsi que, dans de nombreux cancers, on peut observer *une hyperméthylation des îlots CpG (voir* supra*)* *entraînant la perte d'activité des gènes suppresseurs correspondants*, ce qui détruit alors la barrière naturelle qu'ils opposent aux cancers. On a pu établir en revanche, que le transfert, chez la souris, d'un gène particulier (le gène Dormt), réduisant le taux normal de méthylation des gènes, provoquait une instabilité chromosomique et entraînait l'apparition de nombreux cancers, sans doute en activant indirectement des gènes, intervenant dans la division cellulaire. Enfin, l'hypométhylation des groupes CpG, présents au voisinage de gènes particuliers « promoteurs de cancers[14] », active ces derniers et accroît la fréquence des cancers.

Notre propos n'étant pas de passer ici en revue l'ensemble de nos connaissances actuelles sur la biologie du cancer, nous nous limiterons à un premier constat. Grâce aux avancées à caractère fondamental dans la génétique des cancers, nos connaissances relatives à leur épidémiologie, leur nosologie, leur déterminisme et les niveaux d'impact biologique de l'environnement ont progressé, souvent de façon spectaculaire. *Dans quelle mesure ces progrès incontestables se traduisent-ils par des applications plus directes notamment pour le diagnostic*, ce qui permettrait d'instaurer des traitements plus précoces de ce type d'affections[15] ?

APPROCHES GÉNÉTIQUES DANS LE DIAGNOSTIC DE CANCER

Certaines méthodes de diagnostic génétique sont disponibles en nombre limité toutefois. L'analyse des « transcriptomes » des cancers, par la technique des puces à

14. Tels que BLC2, MDR1, HOX11, MYC, c-HaRas, c-Fos, etc.

15. Celles-ci, selon les données de l'OMS et de l'Union internationale contre le cancer (UICC), entraînaient dans le monde, en 2005, 7 millions de nouveaux cas par an et de l'ordre de 11 millions de décès !

ADN (techniques dites des « *micro-arrays* »)[16] permet, par exemple, de suivre, et éventuellement de pronostiquer, l'évolution de certains cancers (tel le cancer du sein). La recherche de mutations affectant des gènes de susceptibilité pour certains cancers est d'un emploi plus systématique. C'est le cas du gène APC (chromosome 5q21) dont certaines mutations sont prémonitoires de cancers du côlon avec polypes ou du locus de susceptibilité au cancer du poumon (chromosome 5p15.33) récemment identifié par un consortium de scientifiques (McKay *et al.*, 2008). Des altérations du gène BCRA1 (chri17a) sont associées à près de 40 % des formes familiales de cancer du sein à développement précoce et de cancer de l'ovaire. Certaines mutations du gène BRCA2 signent la probabilité de développement d'autres types de cancers du sein de type familial, etc. En ce qui concerne les applications pouvant découler des nouvelles données génétiques relatives aux cancers, nous verrons que certains grands centres anticancéreux envisagent de les développer dans le cadre d'une médecine personnalisée.

16. Ces techniques, mises au point dans le milieu des années 1980, reposent sur l'hybridation moléculaire du pool total des ARN (transcrits) provenant d'extraits cellulaires (cellules normales ou pathologiques) avec des sondes ADN (ou des oligonucléotides) de séquences connues, préalablement disposées en très grand nombre sur des minisupports. La formation de « spots » d'hybridation, souvent caractérisée par fluorescence, indique la présence dans le pool initial d'un transcrit correspondant.

CHAPITRE XI

Le potentiel thérapeutique de la génétique contemporaine

On est encore plus en droit de se demander si, indépendamment des approches diagnostiques, les nouvelles connaissances en matière de génétique moléculaire et de génomique peuvent déboucher, concrètement, sur des *applications thérapeutiques* face aux divers types de maladies dont nous avons évoqué certaines des grandes catégories. Cette question est souvent au cœur des préoccupations de ce que l'on dénomme aujourd'hui la « recherche translationnelle », mais aussi de la pharmacologie et de multiples stratégies thérapeutiques intéressant directement la médecine d'aujourd'hui. Nous en envisageons ici certains des aspects les plus récents.

La pharmaco-génomique

La présence, dans notre patrimoine héréditaire, de motifs génétiques particuliers plus ou moins longs (par exemple, d'éléments répétitifs) ou de variations au niveau d'une seule base, ce que l'on dénomme « polymorphismes » (type SNP), est très souvent associée à des sensibilités accrues vis-à-vis de certaines pathologie, mais également (et c'est ce qui nous intéresse ici) à une *réactivité différentielle vis-à-vis des médicaments, voire de drogues, d'aliments ou de composés chimiques divers.*

La biologie moderne met donc de plus en plus en lumière, ici comme ailleurs, l'importance *du terrain génétique individuel.* Identifier les sensibilités de chaque individu, ou groupe d'individus partageant divers traits polymorphes, peut donc potentiellement être mis à profit pour *prévoir, par exemple, les effets de tel ou tel composé chimique doué d'effet thérapeutique.* D'où l'essor d'une nouvelle sous-discipline, à cheval entre la pharmacologie classique et la génomique, baptisée « pharmaco-génomique ». Elle permet en principe d'ajuster la pharmacothérapie au terrain génétique individuel, constituant une sorte de *pharmacologie sur mesure* !

Si cette approche, inspirée de la génétique, n'en est encore, certes, qu'à ses débuts, sa généralisation remplacerait ce que d'aucuns considèrent, à travers la *pharmacologie classique*, comme une démarche « statistique ».

On connaît, notamment aujourd'hui, de multiples exemples montrant comment la nature et la répartition de certains « polymorphismes » à travers le génome humain influent sur l'activité et la spécificité des nombreux transporteurs d'électrons et catalyseurs que sont les *cytochromes.* Ces protéines à fer *jouent un rôle clé dans le métabolisme des médicaments.* Selon les cas, elles convertissent l'agent chimique administré en une molécule active au plan thérapeutique ou, au contraire, l'inactivent partiellement ou encore en modifient la toxicité. La détermination des séquences, ou sites polymorphes, au sein des gènes codant pour ces cytochromes devrait donc aider à prévoir le degré d'efficacité de toute une série de composés chimiques doués d'activité médicamentaire. De nombreuses entreprises de biotechnologie et certaines firmes industrielles développent désormais des efforts de recherche dans le domaine d'une pharmacologie adaptée.

Bien que la démarche elle-même ne soit pas sans soulever de sérieux problèmes d'éthique sociale (qui bénéficiera d'une telle pharmacologie sur mesure ?) et si, dans les débuts de sa mise en œuvre, les coûts en seront élevés, le développement d'une telle technologie permettrait toutefois de prévoir les effets secondaires associés à l'usage des médicaments. Il en résulterait une pharmacothérapie plus efficace car mieux ciblée. Quoi qu'il en soit, l'essor de la pharmaco-génomique dépendra du degré de simplification des techniques mises en œuvre pour la recherche des traits polymorphormes au niveau des gènes intervenant dans le métabolisme des médicaments, c'est-à-dire, en définitive, de la généralisation des techniques de séquençage du génome humain de façon à pouvoir les appliquer au niveau individuel[1].

1. La connaissance de certaines mutations permet de prédire l'efficacité d'une chimiothérapie contre le cancer (Ghiringhelli *et al.*, 2009) et assure donc un meilleur ajustement des traitements. C'est le cas par exemple des mutations affectant le gène P2RX7 dont l'atteinte fonctionnelle consécutive à une mutation est associée à une diminution de réponse aux anthracyclines dans le cas des cancers du sein. En effet, ce gène code normalement pour un récepteur purinergique (reconnaissant les bases puriques), présent à la surface des cellules dendritiques, éléments majeurs de la réponse immunitaire. Grâce à des récepteurs, les cellules dendritiques détectent l'ATP, libéré par les cellules tumorales mourant sous l'effet des anthracyclines et enclenchent une réponse immunitaire au niveau des cellules TCD8+. Dès lors un test décelant l'inactivation du gène P2RX7 devra permettre de mieux cibler les patientes pouvant bénéficier utilement du traitement et de proposer aux autres (30 % des femmes) des alternatives thérapeutiques.

Le « gène médicament »

Depuis le début des années 1980, les biologistes s'efforcent de développer des stratégies scientifiques et techniques qui permettraient de corriger les altérations génétiques à l'origine de nombreuses maladies, soit en compensant des défauts d'activité consécutifs aux mutations par administration de gènes actifs non altérés, soit en intervenant directement au niveau de la séquence ADN mutée (chirurgie du gène) ou de son produit de transcription.

LA THÉRAPIE GÉNIQUE

L'introduction *directe* d'un gène « compensateur », préalablement purifié, au sein des cellules de l'organe malade n'est généralement pas la voie utilisée ! En effet, la plupart du temps, les cellules sont réfractaires au franchissement de leur enveloppe membranaire par l'ADN. C'est pourquoi on a presque toujours recours à des systèmes artificiels capables de passer la barrière membranaire en transportant avec eux le gène compensateur du défaut génétique. *À cet égard, les meilleurs systèmes vecteurs s'avèrent être… les virus.* Les virus ont, en effet, développé au cours de l'évolution, un très grand nombre de « stratégies » leur permettant, non seulement de pénétrer dans l'intimité des cellules, mais, également, de s'intégrer dans leur génome.

Encadré 12
Les aspects techniques de la thérapie génique

La nature des vecteurs viraux mis en œuvre a beaucoup varié au cours de ces trois dernières décennies. On fait désormais très souvent appel à des adénovirus ou à des virus qui leur sont associés (AAV : *associated adenovirus*), tels que les virus du rhume, après avoir pris soin de les inactiver en termes d'infectiosité – par exemple en supprimant, avant leur utilisation, leur capacité à se répliquer et en annihilant leur pouvoir pathogène.

Le gène correcteur préalablement purifié est inséré artificiellement dans la continuité du génome viral ou à sa suite. La « construction » particulière ainsi obtenue, renfermant également les motifs génétiques assurant une bonne régulation du gène introduit, peut alors être utilisée. Les virus possédant le pouvoir de s'intégrer dans le génome des cellules qu'ils infectent entraînent donc avec eux le « gène d'intérêt » qui leur est associé. Celui-ci, une fois dans la continuité de l'ADN des cellules traitées, peut alors, en principe, fabriquer le facteur protéique manquant. Toutefois, le taux d'expression du facteur correcteur dépend beaucoup du soin apporté à la préservation des éléments régulateurs figurant dans la construction. Bien d'autres limitations peuvent malheureusement affecter les essais de thérapie génique : défaut ou faible efficacité dans le niveau d'expression de la construction « virus-gène correcteur » au sein des chromosomes de la cellule « malade », déclenchement de réactions immunitaires contre le produit protéique fabriqué par le gène correcteur, etc. En effet, le facteur néoformé par thérapie génique est souvent reconnu comme une protéine « étrangère » par l'organisme malade qui, jusqu'alors, soit était incapable de le synthétiser, soit le synthétisait sous une forme altérée.

L'administration du vecteur et du gène « thérapeutique » associé se fait parfois par voie systémique ou, directement, par injection dans l'organe ou le tissu malade (thérapie génique *in vivo*). On procède aussi, assez fréquemment, en traitant *ex vivo* les cellules sanguines ou de moelle osseuse prélevées sur le malade et mises en culture. Après avoir vérifié le niveau d'expression du gène correcteur, les cellules ainsi modifiées sont transférées dans l'organisme malade (animal de laboratoire ou patient).

LES ÉVOLUTIONS DES THÉRAPIES GÉNIQUES

Au cours des ans, les chercheurs ont beaucoup amélioré les protocoles utilisés. De nombreuses règles inspirées de l'éthique scientifique et médicale, du respect des patients, de la qualité biochimique des constructions thérapeutiques mises en œuvre, de la vérification de leur innocuité générale, etc., ont été édictées. Leur suivi rigoureux est vérifié par des comités d'experts appropriés. Chaque essai sur l'humain doit avoir fait l'objet d'expérimentations préalables sur l'animal.

Les premiers essais de thérapie génique dont les protocoles ont ainsi été dûment examinés ont démarré vers la fin des années 1980, mais en nombre extrêmement limité. Ce nombre s'est beaucoup accru dans la décennie 1990. Depuis 1997, près d'une centaine d'essais cliniques sont autorisés chaque année dans le monde. Le plus grand nombre (de l'ordre de 75 %) porte sur les cancers. Le reste inclut les maladies génétiques (telles que les maladies neuromusculaires qui bénéficient de l'appui apporté par l'Association française contre les myopathies), les maladies cardiovasculaires, les maladies infectieuses, les maladies neurologiques, etc. Le seul traitement ayant semble-t-il reçu jusqu'ici l'autorisation d'être mis sur le marché et qui bénéficierait d'une existence commerciale a concerné certains types de cancers affectant le cou, la gorge ou les oreilles. Ce traitement mis au point en Chine (2005) repose sur l'injection, dans les tumeurs, du gène suppresseur p53 qui empêche les divisions anarchiques des cellules cancéreuses faisant suite à l'activation de certains oncogènes (voir *supra*) Dans la plupart des autres cas, il s'agit d'essais de phase 1, donc prometteurs, dépourvus d'effets toxiques aigus, mais ne donnant pas, ou très rarement, lieu à des traitements systématiques (avec appui industriel).

UN SUCCÈS HISTORIQUE : VERS LA FIN DES « ENFANTS BULLES » ?

Toutefois, une exception remarquable et saluée par tous à ce tableau d'ensemble est issue des travaux scientifiques et des approches cliniques attribuables à l'équipe d'Alain Fischer et de ses collaborateurs à l'hôpital Necker, notamment à Cavazzana Calvo. Elle a consisté dans le traitement de très jeunes enfants (dits « enfants bulles ») souffrant d'un grave déficit immunitaire. Ce déficit[2] est caractérisé par une altération des voies de signalisation d'une sous-unité des récepteurs de cytokines hématopoïétiques (appelées γc) conduisant à un blocage précoce de la différenciation des précurseurs lymphocytaires en cellules T et NK matures[3]. Les enfants atteints par cette pathologie ont donc un système immunitaire adaptatif déficient. Ils décèdent, à moins d'une transplantation médullaire compatible, avant l'âge de 1 an, faute de défenses contre toute forme d'atteinte infectieuse, et ne peuvent donc survivre qu'à l'intérieur d'enceintes totalement hermétiques, d'où le nom d'« enfants bulles » qui souvent les désignent.

Une thérapie génique *ex vivo* a été pratiquée, dès le début des années 1990, en transférant, à l'aide d'un vecteur rétroviral, le gène[4] *dans son état fonctionnel* à des cellules de moelle osseuse mises en culture (cellules progénitrices héma-

---

2. Déficit immunitaire combiné sévère, lié au chromosome X ou DKS-X1 (SCID en anglais).
3. NK : abréviation de *natural killers*.
4. La mutation entraînant la maladie affecte la synthèse du récepteur aux cytokines, facteurs indispensables à la maturation des lymphocytes.

topoïétiques), prélevées chez de très jeunes malades, puis en les réinjectant aux patients. Ce protocole *a connu, chez les premiers enfants traités, un succès total.* Ils ont pu quitter leur bulle et leur système immunitaire s'est reconstitué ! Certains, après quelques années, ont repris une vie quasi normale.

Malheureusement, en 2002, des complications sont survenues chez deux des enfants traités, lesquels ont développé une forme de lymphome, ce qui a entraîné le décès de l'un d'entre eux. Les chercheurs ont toutefois pu déterminer la cause de ces accidents : l'intégration du vecteur viral en une région du chromosome a entraîné une multiplication anarchique des lymphocytes. Les protocoles ont donc été modifiés et l'équipe d'Alain Fischer a eu recours à d'autres vecteurs viraux dont on a pu établir, cette fois, l'innocuité. *Aujourd'hui, près d'une dizaine d'enfants bulles traités à l'hôpital Necker et, environ, une trentaine en tout, si l'on inclut les essais réalisés dans le reste du monde, notamment en Angleterre, mènent une vie normale. Il s'agit donc là d'un franc succès.* Il a incontestablement suscité un grand espoir parmi les très nombreux chercheurs du monde entier qui mettent en œuvre la thérapie génique pour lutter contre des pathologies diverses et souvent très graves. Récemment, d'ailleurs, d'autres succès imputables à la thérapie génique ont été enregistrés, qu'il s'agisse de la lutte contre l'adrénoleucodystrophie (Biffi *et al.*, 2011)[5] ou de la thalassémie (Calvo *et al.*, 2010)[6].

---

5. L'adrénoleucodystrophie (ALD) est une maladie neurologique évolutive héréditaire décrite au début du siècle (Schilder en 1912, puis Siemerling et Creutzfeld en 1923). L'adrénoleucodystrophie est le nom donné par Blaw en 1970. Il indique une atteinte métabolique (dystrophie) de la substance blanche (*leuco*) du système nerveux. C'est une des plus fréquentes maladies dégénératives du système nerveux central (cerveau et/ou moelle) : l'incidence est de 1 sur 12 000 naissances. L'ALD est une affection génétique de transmission liée à l'X transmis par les femmes porteuses ; elle touche les garçons.

6. Les thalassémies sont des formes d'anémies héréditaires associées à une hémoglobinopathie : déficience dans la synthèse d'une ou de plusieurs des quatre chaînes formant l'hémoglobine des globules rouges. Cela se traduit par

D'autres stratégies contre le « brouillage » de la traduction génétique des codons

Certaines stratégies récentes, plutôt que d'être tournées vers l'introduction d'un « gène médicament », visent à corriger plus directement le défaut génétique à l'origine de la maladie. Des mutations peuvent, en effet, entraîner des *interruptions au cours de la synthèse de protéines essentielles* (codons-stop) ou affecter certains motifs géniques, appelés « exons ». Afin de mieux saisir les démarches correctrices, un rappel concernant l'organisation des gènes eucaryotes et leur « expression » est nécessaire (encadré 13).

Encadré 13
Les gènes eucaryotes et leur expression

Nous avons vu que, chez les organismes supérieurs (eucaryotes), les gènes sont discontinus. Ils se présentent comme des « mosaïques » composées de segments linéaires d'ADN, doués d'une information convertible en une séquence de protéines (ces segments « codants » étant dénommés « exons »), et de segments intercalés, non codants (nommés « introns »), liant les exons entre eux.

Quand le gène s'exprime, il est d'abord « transcrit » en une longue molécule d'ARN, copie intégrale de l'un des deux brins de l'ADN de ce gène. Le produit, dénommé « transcrit primaire », qui se forme à l'intérieur du noyau cellulaire représente un précurseur de l'ARN messager mature qui servira de matrice à la synthèse de la protéine codée par le gène. Ce transcrit subit, au cours de son passage dans le cytoplasme, des réarrangements moléculaires appelés « épissages » (voir *supra*), caractérisés par

---

une anémie assez importante. On observe également une hypertrophie de la rate et des déformations du crâne et des os longs dans cette maladie.

l'élimination des régions du transcrit correspondant aux introns et par le raccordement des régions du transcrit correspondant aux exons. L'ARN messager, qui est, en quelque sorte, reconstitué, est alors pris en charge par les ribosomes qui, en se déplaçant d'une extrémité à l'autre de cet ARNm, le « traduisent » en une chaîne protéique. Cette « traduction » démarre, en effet, au niveau d'une séquence particulière de l'ARNm, appelée « site d'initiation » et se termine, une fois tissée la chaîne complète de la protéine, au niveau d'une autre séquence, ou codon, sorte de signal « stop » qui déclenche alors le détachement de la protéine ainsi complétée.

L'ÉVITEMENT DES « CODONS-STOP » PRÉMATURÉS

Il n'est pas rare qu'à la suite d'une mutation, le code de l'ARN messager fasse apparaître, de façon aberrante, un signal appelé « codon-stop », ce qui déclenche un *arrêt prématuré* dans la synthèse protéique et peut entraîner une pathologie sérieuse, s'il se trouve que la protéine affectée a une fonction physiologique importante. La protéine, ainsi raccourcie prématurément, perd souvent toute activité[7]. Pour permettre aux ribosomes d'éviter ces faux signaux d'arrêt, plusieurs stratégies ont été développées.

On a eu recours, pendant quelque temps, à l'utilisation de certains antibiotiques, (comme la gentamycine). Cet antibiotique (comme de nombreux autres d'ailleurs) agit en modifiant la configuration moléculaire des ribosomes, leur conférant une certaine « flexibilité », qui les rend moins sensibles aux faux signaux « stop », leur per-

7. C'est par exemple ce que l'on observe dans au moins 15 % des cas dans la myopathie de Duchenne, au niveau du « messager » provenant du gène de la « dystrophine », la protéine dont la séquence peut être altérée à la suite de mutations, ce qui provoque la maladie.

met d'achever leur parcours le long de l'ARNm muté et d'atteindre le vrai signal d'arrêt.

Toutefois, cette stratégie s'étant avérée insuffisamment efficace, on s'est tourné vers d'autres molécules de synthèse, tel le composé PTC-124 développé par une firme américaine, PTC Therapeutics. Ce composé s'est révélé beaucoup plus actif. Des essais ont été effectués chez l'homme – l'un concernant la mucoviscidose, l'autre la myopathie de Duchenne. Les résultats obtenus dans ce dernier cas chez 38 jeunes malades ont montré que la « dystrophine » protéine, pratiquement absente des muscles avant traitement, s'exprimait à nouveau chez la moitié d'entre eux, certes à un taux encore modeste, mais suffisant pour que cette expression soit accompagnée d'une diminution notable du taux de CPK (créatine phosphokinase), protéine utilisée comme indicateur de l'état des muscles. Elle s'échappe, en effet, du tissu musculaire et diffuse dans le sang quand la membrane de ce tissu perd son étanchéité. Des recherches se poursuivent afin de mettre en œuvre d'autres agents chimiques de synthèse qui, en modifiant la conformation des ribosomes chez le patient, accroîtront l'efficacité des techniques visant à éviter les codons-stop « prématurés ».

LA TECHNIQUE DU « SAUT D'EXON »

L'ingéniosité des biologistes est parfois surprenante ! Certains ont eu, en effet, l'idée d'utiliser des ARN antisens, ou leur équivalent synthétique (« oligonucléotides »), pour « colmater », en quelque sorte, des séquences d'ARN prémessager ayant subi des altérations par suite d'une mutation. C'est ainsi que des oligonucléotides antisens ont été utilisés *pour éliminer, au cours du mécanisme d'épissage, des copies d'exons porteuses de mutations* dont la traduction entraînerait la synthèse d'une protéine altérée à la suite d'une maladie génétique. L'oligonucléotide antisens s'accole très exactement (par formation d'un hybride) à la région mutée du prémessager, avant que celui-ci ne se convertisse en ARN messager mature, et *empêche ainsi cette région particulière d'y être incorporée*. Le produit final résultant de ce « colmatage » est donc un ARN messager légèrement plus court, comme l'est la chaîne protéique qui en dérive. Mais, dans la plupart des cas, celle-ci conserve son activité biologique.

Encadré 14
La technique du saut d'exon et la myopathie

C'est, par exemple, le cas de la dystrophine dont certaines formes raccourcies demeurent compatibles avec une physiologie normale du muscle. Divers chercheurs (comme L. Garcia, de l'Institut de myologie et D. Sotrümperli, de l'Université de Berne) ont, par ailleurs, eu l'idée de recourir, pour produire des ARN antisens colmatant des exons porteurs de mutations délétères, à un gène particulier dénommé U7, normalement présent dans les cellules et qui code pour un ARN antisens.

L'ADN du gène U7 a été modifié de manière à produire un ARN dirigé contre l'exon 51 du pré-ARNm de la dystrophine lorsque cet exon comprend une mutation (ce qui s'observe assez fréquemment au cours de la myopathie de Duchenne[8]). Plusieurs essais, dont certains assez prometteurs, ont été réalisés. D'autres sont en cours chez divers patients. L'avantage que présente l'utilisation du gène U7, par rapport à celle des ARN antisens synthétiques proprement dits, est qu'il peut agir, de manière permanente, tandis que, pour observer un effet positif avec les ARN antisens synthétiques, des injections répétées sont nécessaires.

D'autres maladies que la myopathie de Duchenne constituent des cibles potentielles pour la stratégie du « saut d'exon ». On peut envisager d'appliquer cette stratégie à la mucoviscidose, à

8. Aujourd'hui, les grandes firmes pharmaceutiques étudient l'action d'ARN antisens produits par synthèse (baptisés PRO051 et PRO044) pour la correction d'exons altérés par mutations dans la myopathie de Duchenne.

l'hémophilie (ou aux thalassémies), voire au syndrome de Parkinson juvénile. Les ARN antisens peuvent également être utilisés pour bloquer la synthèse de protéines nuisibles en provenance d'agents pathogènes ou accompagnant le développement de certains cancers.

Vers la chirurgie du gène : intervenir au cœur de l'ADN

Dans les stratégies à visée thérapeutique qui ont été évoquées jusqu'ici, on s'est efforcé soit d'apporter au patient un gène « correcteur » capable de s'incorporer au hasard dans son propre génome (thérapie génique), soit de « court-circuiter », en quelque sorte, les altérations consécutives aux mutations apparaissant au niveau des ARN messagers (codons-stop) ou des pré-ARN messagers (sauts d'exon).

Une autre approche, la plus récente, et qui pourrait représenter, dans l'avenir, la stratégie préférentielle, consiste à intervenir « directement » au cœur même de l'ADN. C'est là que le terme « chirurgie du gène » est le plus approprié. Le principe en est simple : *il s'agit d'extirper, à l'aide d'outils enzymatiques, le gène porteur de la mutation du reste du génome et de le remplacer* in situ *par le même gène sous sa forme naturelle et fonctionnelle.* L'une des méthodes, sur lesquelles reposent beaucoup d'espoirs aujourd'hui, fait appel à des systèmes de recombinaison par les « méganucléases[9] ».

9. Il s'agit d'un procédé développé en particulier par une société de biotechnologies, Cellectis.

On introduit, grâce à un vecteur (comme dans le cas de la thérapie génique), une construction génétique comportant deux parties : l'une est un gène codant pour une nucléase très spécifique capable de couper le gène altéré en ses deux extrémités, le libérant ainsi du reste de l'ADN génomique ; l'autre est un fragment d'ADN incluant le gène normal appelé « matrice de réparation ». Ce morceau d'ADN (généralement synthétique) comprend lui-même des séquences qui sont homologues à celles entourant la coupure. Grâce aux systèmes naturels dits de « recombinaison homologue », *la matrice de réparation est intégrée en lieu et place du gène altéré*, préalablement dissocié du génome par la méganucléase ! Un remplacement complet du gène altéré par son homologue naturel est donc réalisé.

Pour que cette stratégie soit efficace, il est nécessaire, d'une part, de connaître avec précision la séquence du gène à remplacer (et, en particulier, celle des extrémités qui le jouxtent) et de disposer, d'autre part, d'une méganucléase capable de cliver *spécifiquement* l'ADN au niveau des séquences « flanquantes » du gène muté (ce qui requiert un patient travail de sélection préalable), mais aussi d'une matrice de réparation synthétique. La stratégie mettant en œuvre les méganucléases a déjà fait l'objet d'essais préliminaires qui se sont avérés très encourageants, notamment dans le cas du *Xeroderma pigmentosum*, une maladie de la peau, ainsi que dans l'anomalie dite de Rag-1 qui cause (comme dans le cas du déficit immunitaire combiné sévère étudié par l'équipe d'Alain Fischer) des troubles immunitaires aigus.

Vers une médecine personnalisée ?

Au terme de notre analyse concernant les apports de la génétique contemporaine à la connaissance des maladies, il convient de revenir sur la question initialement posée : *dans quelle mesure les recherches centrées sur la génétique et sur l'analyse à haut débit des génomes ont-elles débouché jusqu'à présent sur des applications concrètes dans le domaine de la santé ?*

Ainsi que le lecteur l'aura perçu, bien qu'une grande diversité d'approches techniques soit mise en œuvre, depuis quelques décennies, tant pour le diagnostic que pour le traitement de maladies génétiques ou de cancers, la recherche demeure encore quelque peu éloignée des thérapeutiques dûment homologuées pour que l'on soit à même de parler, au stade actuel, d'un usage clinique avéré et régulier. Dans de nombreux cas, on peut, certes, constater des progrès évidents, laissant augurer que l'on n'est plus très loin du but ! C'est bien ce que l'on observe par exemple dans le domaine de la thérapie génique laquelle a déjà rencontré d'incontestables succès (déficits immunitaires liés à l'X, adrénoleucodystrophie...), mais où certains échecs et, pour certaines situations, le manque de recul, invitent encore à la prudence (par exemple, à propos des vecteurs d'administration des gènes thérapeutiques, de leur durée d'action, etc.).

Au niveau de l'approche diagnostique des maladies, ou de la pharmaco-génomique, la transition vers les applications semble déjà, elle aussi, clairement amorcée. C'est ainsi que, en ce qui concerne le domaine oncologique, diverses institutions de recherche et de médecine clinique commencent à s'engager dans ce qu'elles dénomment une

« médecine personnalisée ». Les critères envisagés pour guider le traitement anticancéreux ne sont plus seulement tissulaires ou cellulaires, mais moléculaires ; ils impliquent désormais certaines composantes génétiques de chaque individu et certaines informations que l'on est susceptible de recueillir sur les anomalies génétiques de la tumeur[10] elle-même.

Cette médecine oncologique personnalisée est déjà mise en pratique dans certains grands instituts qui se consacrent à la recherche sur le cancer et à son traitement. Elle est surtout utilisée pour l'heure dans le cas des cancers du sein[11], mais pourrait être étendue au cancer du poumon, d'autant plus que les sites mutationnels impliqués dans la sensibilité des fumeurs à ce type de cancer commencent à être localisés avec précision (voir *La Recherche*,

10. Il est certain que ces analyses seront facilitées à mesure que les techniques de séquençage à haut débit pourront atteindre un degré de simplification et de rapidité, les rendant accessibles à l'échelle clinique *individuelle*, et que leur standardisation en abaissera suffisamment les coûts. On estime que, à terme, le coût d'un séquençage génomique individuel pourrait devenir inférieur à 1 000 euros.

11. En général, on s'efforce de repérer soit dans le sang, soit au sein de la tumeur, certaines mutations pouvant servir à préciser la nosologie (le type ou sous-type) de la tumeur ou son pronostic évolutif. Cette analyse est déjà pratiquée, par exemple, à l'Institut Gustave-Roussy (IGR) depuis plusieurs années. Elle est également mise en œuvre dans près d'une trentaine de plates-formes de génétique moléculaire ayant été « identifiées » par l'Institut national du cancer (INCA). Mais ce que l'on tente d'établir désormais, c'est un véritable « portrait moléculaire » de la tumeur, à savoir l'ensemble de ses anomalies génomiques. Cette approche est en bonne voie pour les cancers du sein, mais l'IGR envisage de l'étendre à d'autres pathologies cancéreuses : cancers du poumon, tumeurs cérébrales de l'enfant et, peut-être, cancer du pancréas et de l'estomac. Certaines des mesures figurant dans le Plan cancer français (2009-2013) concernent précisément ce type de médecine personnalisée. Elles devraient également bénéficier du soutien du programme du Consortium international de génomique du cancer (ICGC). Un tel programme a pour objectif de séquencer le génome d'une cinquantaine de types de cancers. Ainsi serait créée une base de données à la disposition des chercheurs et cliniciens du monde entier.

2010). Mais si l'on peut évoquer, avec un certain degré de confiance, l'émergence d'une médecine personnalisée venant se substituer à l'approche pharmacologique et médicale « probabiliste » qui prédomine aujourd'hui, cette transition qui, pensons-nous, s'opérera peu à peu, *devra prendre en compte toute une série de questions, voire de difficultés d'ordre social, éthique et économique* !

Ce dernier aspect du problème (le coût encore élevé des traitements anticancéreux personnalisés pour lesquels on disposerait, dit-on, d'une importante palette de molécules) demeure le vrai facteur limitant pour une prise en charge régulière par les instances publiques – donc, à terme, ouverte à tous ! Mais il convient de remarquer que l'histoire des avancées technologiques a connu bien des situations similaires, où l'on a pu, heureusement, observer le passage d'une mise en œuvre de caractère exceptionnel à une utilisation standardisée et accessible à l'ensemble des citoyens. De surcroît, il est clair qu'une médecine « personnalisée » éviterait d'avoir recours à des thérapeutiques inopérantes chez un certain pourcentage de patients.

Conclusion

Des voies prometteuses

Entreprendre de prédire l'évolution d'une discipline scientifique, quelle qu'elle soit, est une démarche périlleuse, mais c'est encore plus vrai dans le cas d'une discipline aussi complexe et foisonnante que la biologie ! En guise de conclusion, qu'il me soit permis d'esquisser ce qui, dans les différents courants de cette même biologie, m'apparaît particulièrement prometteur et notamment, parmi ces courants, ceux qui s'articulent aux recherches dans le domaine de la biologie moléculaire et cellulaire du gène. Convenons que cet exercice a une part de subjectivité d'autant plus grande que notre vision des choses est un peu le reflet de notre propre parcours scientifique ! Bien d'autres champs de la biologie, en effet, sont, eux aussi, le théâtre de progrès spectaculaires[1]. Ainsi en va-t-il, par exemple, de la biologie du

1. En particulier depuis les travaux de Yamanaka concernant la reprogrammation des cellules somatiques consécutives au transfert de certains gènes. Nous avons déjà évoqué le parti qui peut être tiré de ces *induced pluripotent cells* ou IPS. Citons également les avancées considérables dans la cartographie fonctionnelle

développement (avec les avancées nouvelles sur les cellules souches), des neurosciences (ce que G. Edelman a qualifié de « biologie de la conscience » ne se présente-t-il pas comme le plus grand défi de la science moderne ?), mais aussi de l'étude des défenses immunitaires et de bien d'autres aspects de la physiologie cellulaire et générale que nous ne pouvons préciser ici.

Il serait donc erroné d'interpréter ce qui suit comme le souhait d'établir une sorte d'échelle d'intérêt, encore moins de valeur, qui accorderait une primauté exclusive à la biologie et à la génétique moléculaires, même s'il est vrai que les retombées que l'on peut en attendre sont susceptibles d'apporter une impulsion nouvelle aux autres branches des sciences de la vie. Trois aspects de l'évolution biologique contemporaine me semblent néanmoins s'imposer tout particulièrement par leur fécondité.

CONTINUER L'EXPLORATION DES MOLÉCULES ET DE LEURS INTERACTIONS : LES MODÉLISATIONS TRIDIMENSIONNELLES

Le premier courant se réclame de ce que l'on est convenu d'appeler la « nouvelle biologie structurale ». Il se rapporte à une exploration physico-chimique de plus en plus précise des interactions moléculaires qui sous-

---

du cerveau dues aux techniques de l'imagerie ouvrant des voies nouvelles à l'étude des fonctions cognitives. Quant à l'étude des défenses immunitaires, l'attribution très récente du prix Nobel de physiologie et de médecine nous rappelle les fabuleux progrès réalisés dans les domaines de l'immunité innée et adaptative. Le domaine, gigantesque par son contenu et ses implications, tant appliquées que fondamentales, que recouvre l'ensemble « biologie cellulaire et biologie du développement », parfois effleuré dans cet ouvrage, est particulièrement riche de promesses. Le rapport de l'Académie des sciences intitulé *Biologie cellulaire et biologie du développement* (2004) en a résumé les principales réalisations actuelles et illustré certaines des grandes perspectives.

tendent les grandes activités cellulaires. La construction de modèles tridimensionnels de protéines, d'acides nucléiques et de leurs combinats, en rapport avec des étapes définies des principales fonctions cellulaires, se révèle particulièrement féconde.

Grâce à ces modèles – résultant du raffinement des techniques mises en œuvre –, on commence à pouvoir « visualiser » comment fonctionnent réellement un ribosome, un répresseur, une transcriptase, etc., au niveau de leurs sites ou de leurs cibles spécifiques. On parvient, le plus souvent, à décrire les déformations et les réarrangements moléculaires locaux accompagnant telle ou telle réaction biochimique au cours du processus qu'ils catalysent. On tente d'ailleurs aujourd'hui de *reconstituer jusqu'aux mouvements de macromolécules en fonctionnement.* En effet, la microscopie moléculaire, l'imagerie à l'échelle nanométrique ont fait de grands progrès au point qu'il est désormais possible de suivre le déplacement des molécules de récepteurs au niveau des cellules neuronales.

La biologie est plus que jamais entrée dans l'ère du tridimensionnel ! Il va falloir, par exemple, s'intéresser de plus en plus au « relief » des protéines et notamment à leurs « surfaces interactives » si l'on veut comprendre les principes de reconnaissance qu'elles mettent en œuvre pour interagir avec d'autres protéines, des ligands, des substrats, des effecteurs allostériques. Le concept sous-jacent à ces travaux n'est pas vraiment nouveau. Le problème de la reconnaissance stéréo-spécifique de substrats ou effecteurs par les protéines, la mise en évidence des propriétés allostériques des protéines multimériques, chères à J.-P. Changeux, pour ne citer que ces exemples, nous ont déjà familiarisés avec cette approche infrastructurale à l'étude des macromolécules. Ce qui est nouveau, c'est surtout l'amélioration des techniques mises en jeu, le raffinement dans l'échelle analytique, le niveau de compréhension des réactions aux niveaux moléculaire et inframoléculaire.

DÉVELOPPER UNE APPROCHE DE LA BIOLOGIE PAR DE NOUVEAUX MODÈLES THÉORIQUES : LA BIOLOGIE DES SYSTÈMES

Une autre voie est appelée à s'imposer : celle de la « biologie des systèmes ». Il s'agit d'une démarche en quelque sorte symétrique de la précédente. Avec l'analyse physico-chimique et les modélisations, on s'efforce d'expliquer des processus biologiques jusqu'au détail inframoléculaire. Avec la biologie des systèmes, on cherche au contraire à esquisser un schéma global tenant compte de la multitude des composants en interaction au sein de la cellule ou de l'organe.

Le défi, ici, est celui qui s'attache à la description du fonctionnement des « réseaux ». Or la cellule est un « réseau de réseaux » d'une formidable complexité. Ses éléments commencent, certes, à être de mieux en mieux connus, étiquetés et analysés[2], mais décrire le fonctionnement de ce « super-réseau » par des schémas classiques devient très difficile ; décrire la façon dont il évolue en fonction de stimuli spécifiques l'est encore davantage : il faut rendre compte de milliers de combinaisons et de leur dynamique, concernant des interactions connues ou supposées.

Les partisans de la biologie des systèmes font d'ailleurs valoir que, si leur objectif est ambitieux, on ne peut plus guère, en revanche, se borner à décrire des constituants

---

2. Leur connaissance progresse d'ailleurs grâce aux données que fournissent la génomique, la transcriptomique, la protéomique et la mise en évidence de ces ensembles réactionnels que les biologistes dénomment, dans leur jargon, le « métabolome », le « physiome », le « régulome », etc.

nouveaux, voire des réactions biochimiques nouvelles, bref à n'établir que des catalogues, même si ces derniers peuvent rendre compte en partie de certains aspects du métabolisme ou de la physiologie fonctionnelle. Ils critiquent ce qu'ils considèrent comme une forme de réductionnisme extrême. L'informatique, mais aussi l'utilisation des mathématiques appliquées aux états stationnaires permettent de s'orienter, selon eux, dans ce labyrinthe d'une grande complexité[3]. Des milliers d'interactions à l'intérieur d'une cellule ou d'un tissu peuvent ainsi être replacées dans un ensemble défini et être traitées de façon intégrée[4].

MODIFIER LES CONSTITUANTS CELLULAIRES PAR VOIE CHIMIQUE, CRÉER DES STRUCTURES BIOLOGIQUES ARTIFICIELLES SUBSTITUABLES : LE CHAMP DE LA BIOLOGIE SYNTHÉTIQUE

Un troisième champ de recherche particulièrement prometteur est celui de la « biologie synthétique » dont l'objectif est de réaliser une véritable ingénierie chimique sur des cellules vivantes, notamment des micro-organismes

3. Le biologiste René Thomas fut, à cet égard, un véritable précurseur en s'intéressant à des réseaux de régulation complexes chez la bactérie *E. coli* ou chez le bactériophage lambda. Depuis lors, de nombreux systèmes sont ainsi décryptés et leur évolution décrite : un des exemples classiques concerne le fonctionnement physiologique intégré du cœur (D. Noble), dont les paramètres de rythmicité ont été mis en équation. L'approche théorique qu'offre la biologie des systèmes séduit aujourd'hui nombre de pharmacologues, biotechnologues et médecins, car elle permet de simuler des comportements cellulaires ou tissulaires complexes dans des situations et sous des influences définies. Des travaux récents portent par exemple sur la modélisation théorique des effets d'agents pharmacologiques au niveau de métabolismes particuliers ou encore sur la classification des maladies.

4. Il pourrait se révéler particulièrement intéressant d'appliquer une approche systémique à l'analyse des multiples actions régulatrices auxquelles prennent part les très nombreux agents du contrôle post-transcriptionnel que sont les petits ARN non codants (riborégulateurs).

ou des levures, en changeant certains de leurs constituants naturels par des substituts artificiels – par exemple, leurs propres génomes. D'une certaine manière, la biologie synthétique peut être considérée comme une « technoscience » à visées biotechnologiques, mais c'est aussi une approche ambitieuse des limites, et de l'adaptabilité, du vivant, susceptible d'éclairer à la fois ses origines et son évolution. Cette biologie synthétique connaît déjà un fort courant aux États-Unis et intéresse de nombreux chimistes et biotechnologues en France. Elle ne manquera pas de susciter bien des débats philosophiques et éthiques, dont certains ont été évoqués dans cet ouvrage.

Enfin, il est un domaine de recherche, en pleine expansion, auquel la biologie synthétique – notamment dans la démarche expérimentale consistant à modifier artificiellement certains constituants cellulaires essentiels (*cf.* discussion p. 132) – devrait également apporter de nouveaux éclairages. Il s'agit des mécanismes mis en œuvre dans les processus d'*auto-organisation*. Comment se forment des assemblages (moléculaires) fonctionnels, propres au « vivant », à partir des molécules prises isolément ? Quelles sont les règles physico-chimiques, génétiques, informatiques et thermodynamiques qui se trouvent ainsi mises en jeu (Atlan, 2011) ?

L'âme de la biologie et la logique du vivant

L'ensemble des considérations qui viennent d'être rapportées pourrait paraître bien abstrait au lecteur. La biologie, c'est-à-dire dans son acception classique (et véritable), l'étude du vivant dans sa diversité telle qu'elle s'offre à nous, ne va-t-elle pas y perdre son âme en délaissant peu à peu l'observation de la nature et même l'expérimentation ? Rappelons que la même question s'est posée avec l'essor de la biologie moléculaire il y a plus d'un demi-siècle. Et précisons aussi que l'une des approches traditionnelles et fondatrices de la biologie, celle qui vise à connaître la biodiversité et à en prévoir l'évolution, a de quoi occuper pour longtemps ceux que passionne le foisonnement du vivant.

La biologie nous ouvre sans cesse les portes d'un monde nouveau. Nous explorons aujourd'hui les « entrailles » de la cellule et commençons tout juste à prendre vraiment conscience de sa complexité à mesure que se dresse l'inventaire des milliers de structures, de réactions et d'interactions qui interviennent dans son fonctionnement – un fonctionnement assujetti à un ordonnancement précis, à une régulation des plus strictes, mais parfois perturbés sous l'effet du vieillissement, de l'environnement, d'agents pathogènes. Il y a donc bien une « logique du vivant » (F. Jacob). Celle-ci s'est échafaudée sur des milliards d'années ! Elle s'impose à notre raison devant son fonctionnement remarquable, devant l'étonnante subtilité des mécanismes qui protègent, réparent et, le plus souvent, triomphent des dysfonctionnements. Ainsi la logique cellulaire l'emporte-t-elle généralement sur les menaces de toutes sortes. Mieux comprendre cette remarquable logique est le moteur premier de la recherche fondamentale ; c'est aussi la voie pour nous aider à préserver la vie contre les atteintes à son équilibre et à son épanouissement.

Glossaire

Abiotique : se dit d'un milieu où la vie est impossible ; se dit également de conditions ou réactions ne faisant pas intervenir de constituant biologique organisé (enzyme, cellules, etc.).

ADN (acide désoxyribonucléique ; en anglais DNA) : constituant principal et support chimique de l'hérédité. L'ADN se présente sous la forme d'une double hélice : deux longs filaments entrelacés, unis par des liaisons chimiques faibles, filaments formés par l'enchaînement de milliers de petites unités : les « nucléotides » contenant eux-mêmes une base (adénine, guanine, cytosine ou thymine) reliée à un sucre (désoxyribose) et à un radical phosphate. La majorité de l'ADN des organismes supérieurs (eucaryotes) est présente dans le noyau des cellules à l'intérieur des chromosomes, mais on en trouve également dans le cytoplasme, au sein de certains organites : les mitochondries (respiration) ou les chloroplastes (photosynthèse des cellules végétales).

Adénine : une des 4 bases constitutives de l'ADN ou de l'ARN. Est également présente dans nombre de petites molécules agissant comme cofacteurs enzymatiques.

Amino-acide (ou acide aminé) : sous-unité des protéines. Il en existe 20 types différents chez les êtres vivants. Leur enchaînement dans un ordre précis (ou séquence) est déterminé par la séquence chimique de l'ADN (donc des gènes).

ARN (ou acide ribonucléique ; en anglais RNA) : l'un des deux types d'acides nucléiques, avec l'ADN, présent dans les cellules ou dans les virus. Il se distingue de l'ADN par sa structure physico-chimique en filament simple, mais dont les repliements peuvent engendrer des formes bi- ou tridimensionnelles extrêmement variées. Il résulte, comme l'ADN, de l'assemblage d'un grand nombre de sous-unités, ou mononucléotides (voir *supra*), avec 4 bases de constitution (adénine, guanine, cytosine et uracile [au lieu de la thymine]) reliées à un sucre, le ribose, et à un radical phosphate. Il existe sous des formes remplissant des fonctions très variées : ARN messager, intermédiaire moléculaire entre le gène et la protéine ; ARN ribosomique, présent dans les ribosomes, organites servant de sites d'assemblage des protéines ; ARN de transfert, véhicules spécifiques de chacun des 20 types d'acides aminés au niveau de l'ARN messager ; mi-ARN ; si-ARN, etc. ; petits ARN non codants, parfois appelés riborégulateurs.

Archébactéries (ou archées, *Archaea* ; du grec *archaios*, « ancien » et *bakterion*, « bâton ») : groupe de micro-organismes unicellulaires, appartenant aux *procaryotes* (organismes vivants dont l'ADN n'est pas confiné dans un noyau). À côté des bactéries véritables (*eubacteria*) et des eucaryotes, elles représentent l'un des trois grands « règnes » du monde vivant.

Autosomique : qualifie la transmission des caractères génétiques lorsque ces caractères sont portés par des chromosomes non sexuels (X ou Y), appelés « autosomes ».

Clade (du grec *clados*, « branche ») : groupe (monophylétique) d'organismes vivants (ou ayant vécu), comprenant un organisme particulier et la totalité de ses descendants – il ne comporte donc pas de ramifications généalogiques. C'est l'unité de base de la classification phylogénétique actuelle (ou « cladistique ») qui a remplacé peu à peu la classification linnéenne (ou traditionnelle), laquelle assigne des rangs taxonomiques à la classification des êtres vivants (classes, ordres, familles, etc.).

Coccoïde : se dit d'un organisme unicellulaire existant (ou ayant vécu) non mobile (par exemple, les espèces actuelles du genre *chlorella*).

Colloïde : se dit d'un corps à l'état colloïdal, c'est-à-dire qui ne diffuse pas à travers une membrane semi-perméable. Les colles et les gels sont des colloïdes.

Cyanobactéries photosynthétiques : bactéries appartenant, comme les autres bactéries, au groupe des procaryotes (ADN non présent dans un noyau individualisé). Elles utilisent comme source d'énergie, l'énergie lumineuse, mais se distinguent par certains traits des autres bactéries photosynthétiques, telles que les bactéries pourpres ou vertes.

Endosymbiose : phénomène qui s'est produit après l'apparition des cellules des premiers organismes supérieurs (eucaryotes) au cours duquel des micro-organismes (bactéries, algues unicellulaires) les ont primitivement envahis et ont adopté peu à peu un état symbiotique (la symbiose est l'état d'un organisme vivant en association à bénéfice réciproque, ici, à l'intérieur des cellules ou tissus d'un autre organisme), perdant leur pouvoir infectieux et devenant des organites (mitochondries ou chloroplastes) essentiels à la vie de leur hôte.

Eucaryote : organisme dont les cellules possèdent un noyau individualisé contenant le matériel génétique à l'intérieur d'une membrane le séparant du cytoplasme. Sont concernés les plantes, les animaux, ainsi que les levures, les champignons, des protozoaires, la plupart des algues, etc.

Exon : segment de gène, chez les eucaryotes, dont la séquence ADN, après transcription, se retrouve dans les ARN messagers matures. Cette partie du gène est donc codante, tandis que les segments d'ADN reliant les exons entre eux, les introns, ne le sont pas et sont éliminés après transcription, les exons étant alors reliés à la faveur d'un processus appelé « épissage ».

Évo-dévo : abréviation pour évolution-développement. Il s'agit d'une nouvelle discipline de la biologie développementale de l'évolution. Parmi les directions actuelles de la recherche sur l'évolution, celle qui est, à présent, universellement connue sous le terme « évo-dévo » associe génétique du développement, embryologie, anatomie et paléontologie dans une dynamique pluridisciplinaire extrêmement féconde.

Génome : ensemble du matériel génétique d'un individu.

Génomique : nouvelle branche d'étude des génomes (c'est-à-dire du matériel héréditaire formé par l'ADN présent dans les gènes ainsi que par l'ADN non codant). Cette discipline (ou sous-discipline) de la génétique s'intéresse principalement à la séquence chimique de l'ADN nucléaire ou cytoplasmique, ainsi qu'au repérage des gènes à l'intérieur de la séquence ADN (exons + introns) à l'ADN non codant, etc. (génomique structurale) ainsi qu'au fonctionnement et aux produits dérivant du décodage cellulaire de ces gènes (génomique fonctionnelle) ou encore aux changements des séquences-ADN résultant des mutations, à leur polymorphisme et à leur évolution moléculaire.

Gyrase reverse : enzyme capable d'introduire dans l'ADN au cours de son recopiage (réplication) des supertours négatifs.

Hémagglutinine (HA) : glycoprotéine antigénique présente à la surface du virus de la grippe responsable de la fixation de la particule virale à un récepteur situé sur la cellule cible. Le nom « hémagglutinine » provient de la faculté qu'a cette protéine d'agglomérer les globules rouges.

Hyperthermophile : terme qualifiant les micro-organismes qui se développent dans des conditions de température très élevée.

Intron : segment d'un gène situé entre deux exons. Les introns sont présents dans l'ARN messager immature (transcrit primaire) et absents de l'ARN messager mature (voir « Exon »).

Métagénomique : méthode utilisée pour analyser globalement un ensemble de génomes représenté par des populations de bactéries, virus, protozoaires, plancton, etc. vivant dans des environnements divers : sol, eaux usées, fonds marins, flores intestinales, etc. Elle consiste à étudier collectivement les gènes (sans les analyser, individu par individu) après avoir amplifié artificiellement l'ADN extrait de la population entière. En examinant les séquences ADN obtenues, on tente de vérifier si l'on a affaire à des espèces nouvelles et à identifier celles-ci.

Mitochondrie : organite cellulaire d'un « eucaryote » de forme ovoïde ou en bâtonnet, délimité par deux membranes, comprenant de nombreuses invaginations et où sont principalement localisés les enzymes et transporteurs d'électrons intervenant dans la respiration cellulaire. Elle renferme un ADN circulaire particulier. Cet ADN cytoplasmique se prête bien à l'étude de la diversité génétique, car les mitochondries sont transmises uniquement par la mère, après fécondation de l'ovocyte.

Neuraminidases : classe d'enzymes, de nature glycoprotéique, présentes à la surface des virus de l'influenza. C'est une glycosidase (hydrolysant les composés O- et S-glycosyles).

Nucléosome : ensemble de protéines à caractère basique, les histones formant des sphérules autour desquelles est enroulé l'ADN des eucaryotes, au sein des chromosomes. La structure ADN-histone est de forme sphérique, ce qui donne l'apparence d'un collier de perles à l'ensemble, appelé chromatine. Mais les chapelets ainsi formés existent sous des états surcompactés à l'intérieur du chromosome.

Panspermie : théorie scientifique, proposée dans sa forme moderne par Hermann von Helmholtz en 1878, selon laquelle la Terre aurait été fécondée de l'extérieur, par des moyens extraterrestres. Cet ensemencement aurait notamment été le fait de corps rocheux tels que les comètes. La théorie a été réactualisée par Fred Hoyle et Chandra Wickramasinghe et, plus récemment, à la faveur des recherches en exobiologie.

Phylogenèse, phylogénie (terme introduit par Haeckel en 1866) : étude des parentés entre les êtres vivants en vue de relier leur diversité à l'évolution. On représente souvent les données qui en émanent par un arbre dit « phylogénique » ou « phylogénétique ». Le nombre de nœuds entre les branches représente autant d'ancêtres communs et indique le degré de parenté entre les taxons.

Phylum : lignée évolutive. Les spécialistes parlent souvent d'embranchement monophylétique, c'est-à-dire dont les espèces composant le phylum sont toutes issues du même ancêtre.

Plasmide : petit ADN circulaire présent, à l'intérieur du cytoplasme, dans une bactérie ou une levure et distinct de son chromosome principal. Il se reproduit indépendamment de celui-ci. Il peut se propager d'une bactérie à une autre (transmission génétique horizontale).

Polyphosphate : composé dérivant de la condensation de plusieurs molécules de phosphate, facilement hydrolysable.

Prébiotique : relatif à la période d'évolution de la Terre avant l'apparition des êtres vivants, voire de constituants biologiques organisés.

Procaryote : se dit d'un organisme dont le matériel génétique (ADN) ne réside pas dans un noyau individualisé comme c'est le cas chez les eucaryotes, mais est en contact direct avec le cytoplasme. Les bactéries, les archées, certaines algues unicellulaires, des cyanophycées sont des procaryotes.

Protéome : ensemble (*pool* global) des protéines formées dans une cellule à un instant donné de son développement. Sa composition varie donc de façon significative selon les conditions. L'étude du protéome (la protéomique), réalisée souvent grâce à des procédés d'analyse par électrophorèse bidimensionnelle (et caractérisation des « tâches » protéiques par procédés radioactifs ou coloration), fournit de précieuses indications sur le fonctionnement cellulaire. À l'intérieur du protéome, on peut s'intéresser plus spécifiquement aux protéines (par exemple, aux enzymes) responsables d'un métabolisme défini (métabolome), à celles présentant des activités anticorps spécifiques (immunome) ou à celles agissant comme facteurs de régulation vis-à-vis d'un processus physiologique donné (régulome), etc.

Réplication : mécanisme assurant la reproduction des molécules d'ADN précédant la division cellulaire (ou la reproduction d'ARN chez certains virus chez qui l'ARN constitue le matériel génétique). Il fait intervenir de nombreuses enzymes (réplicases, topo-isomérases, ligases, etc.).

Rétrovirus : type de virus dont le matériel génétique est composé d'ARN. Après copiage enzymatique de cet ARN en ADN par la transcriptase inverse codée par le virus, l'ADN formé peut s'incorporer dans l'ADN de la cellule hôte grâce à des enzymes de recombinaison.

Riborégulateur : terme introduit récemment pour désigner les petits ARN non codants (mi-ARN, si-ARN, pi-ARN, etc.) lesquels jouent un rôle clé dans la régulation post-transcriptionnelle au niveau de l'ARN messager.

Ribose : sucre composé de 5 atomes de carbone, présent dans l'ARN et dans divers cofacteurs ou intermédiaires métaboliques comme l'ATP.

Ribosome : organite cellulaire comprenant deux parties dissociables (ou sous-unités ribosomiques), désignées souvent d'après leur coefficient de sédimentation à grande vitesse : 30 S et 50 S chez les procaryotes,

40 S et 60 S chez les eucaryotes. Les ribosomes sont composés d'ARN associé à un grand nombre de protéines. Ils servent de sites d'attachement et de machinerie pour la synthèse des protéines.

Ribozyme : molécule d'ARN ayant des activités catalytiques comme les enzymes (protéiques).

Saltation : en génétique, apparition soudaine d'une nouvelle espèce au cours de l'évolution.

Spliceosome : ensemble particulaire comprenant des protéines et de petits ARN spécifiques, intervenant (chez les eucaryotes) dans le processus d'épissage (en anglais, *splicing*) qui permet de mettre bout à bout et de souder les segments d'ARN, correspondant aux exons, présents au sein de l'ARN messager immature (transcrit primaire). Les différentes particules du spliceosome sont ainsi appelées snRNP (*small nuclear ribonucleoprotein*).

Taxon : ensemble des organismes définis dans chacune des catégories de la classification biologique hiérarchisée (famille, genre et espèce sont des taxons de rangs différents).

Taxonomie (ou taxinomie) : science s'intéressant aux lois de la classification des formes vivantes.

Transcription : processus permettant le copiage de l'un des deux brins de l'ADN en ARN messager ou en d'autres types d'ARN (ribosomique, de transfert, etc.). Dans la plupart des cas (lorsque la copie est l'ARN messager), c'est la première étape du processus qui permet de passer de l'ADN (du gène) à la protéine, la seconde étape (ARN---protéine) étant appelée « traduction ».

Transcriptome : ensemble des transcrits-ARN présents dans une cellule à une phase donnée de son activité ou de son développement. Pour repérer les éléments constitutifs de ce pool d'ARN, on fait usage de techniques telles que les « puces à ADN » qui permettent de localiser sur une surface en deux dimensions chacun des transcrits.

Transgenèse : opération qui consiste à transférer, souvent grâce à un plasmide vecteur (voir « Plasmide »), un ou plusieurs gènes purifiés provenant d'une espèce donnée dans les cellules d'une autre espèce, transfert suivi d'une intégration de ce gène dans l'ADN de l'espèce receveuse.

Bibliographie

Introduction générale

ALBERTS B. *et al.*, *Biologie moléculaire de la cellule*, Flammarion (1989).

GIORDAN A., *Histoire de la biologie* (2 tomes), Lavoisier (1987).

GROS F., *Les Secrets du gène*, Odile Jacob (1986).

GROS F., *L'Ingénierie du vivant*, Odile Jacob (1990).

GROS F., *Mémoires scientifiques. Un demi-siècle de biologie*, Odile Jacob (2003).

HELLING B., « Construction of biologically functional bacterial plasmids in vitro », *Proc. Natl. Acad. Sci. USA*, 70, 3240 (1973).

JACKSON D. A., SYMONS R. H. et BERG P., « Biochemical method for inserting new genetic information into DNA of SV40:l circular SV40 molecular containing a phage genes and the galactose operon of *E. coli* », *Proc. Natl. Acad. Sci. USA*, 69, 2904 (1972).

KENDREW J., *The Thread of Life : An Introduction to Molecular Biology*, Harvard University Press (1966).

MAYER E., *Histoire de la biologie* (2 tomes), Fayard (1989).

MORANGE M., *Histoire de la biologie moléculaire*, La Découverte (1994).

PERUTZ M. F., *Proteins and Nucleic Acids*, Elsevier (1962).

SCHRÖDINGER E., *What is Life ?*, Cambridge University Press (1945).

VIGNAIS P., *La Biologie des origines à nos jours. Une histoire des idées et des hommes*, EDP Sciences (2001).

WATSON J. D. et CRICK F. H., « Molecular structure of nucleic acids. A structure for desoxyribose nucleic acid », *Nature*, 171, 737 (1953).

PREMIÈRE PARTIE

Nouveaux regards scientifiques sur les origines du vivant, son évolution et sa diversité

Chapitre I. Aux origines de la vie. Les premières molécules

Les origines de la vie : une question éternelle

BUFFON, *Théorie de la Terre* (1749).

BUFFON, *Histoire naturelle, générale et particulière, avec la description du Cabinet du Roy*, 36 vol. (1749-1789).

DARWIN C., *On the Origin of Species by Means of Natural Selection*, J. Murray (1859).

GRIMOULT C., *Histoire de l'évolutionnisme contemporain en France (1945-1995)*, Droz (2000).

LAMARCK J.-B., *Philosophie zoologique* (1809).

MALATERRE C., *Les Origines de la vie : émergence ou explication réductive ?*, Hermann (2010).

MAUREL M.-C., *Les Origines de la vie*, Syros (1994).

MAUREL M.-C., *La Naissance de la vie*, Éditions Diderot (1997).

MAYNARD SMITH J. et STRATHMARY E., *The Origin of Life. From the Birth of Life to the Origin of Language*, Oxford University Press (1999).

MORGAN T. H. et STURTEVANT A. H., Bridge C. B., « The evidence for the linear order of the genes », *Proc. Natl. Acad. Sci. USA*, 6 (4), 162-164 (1920).

Sommes-nous seuls ? Les apports de l'exobiologie

BRACK A. et PAULIN F., *L'Évolution chimique et l'origine du vivant*, Masson (1991).

CRICK F. H., *Life Itself. Origin and Nature*, Simon and Schuster (1981).

FORGET F., « Que cherche l'homme sur Mars ? », *Science et devenir de l'homme*, M.U.R.S. (2004).

LORD KELVIN (1824-1907), *On the Electrodynamic Properties of Metals* (1855) ; *Mathematical and Physical Papers* (1882-1890, 3 vol.) ; (avec P. G. Tait) *Treatise on Natural Philosophy* (1866 ; 2e éd., 1879-1883 ; trad. fr. et all.) ; *Lectures and Addresses* (1889-1891, 3 vol.).

TER MINASSIAN V., « Il était une fois la vie », *Journal du CNRS*, 30, 228-229 (2009).

Les premières briques élémentaires de la vie et les hypothèses sur l'environnement ayant présidé à son émergence

GARGEAUD M., CLAEYS P., LOPEZ-GARCIA P., MARTIN H., MONTMERLE T., PASCAL R. et REISSE J. (éd.), *From Suns to Life. A Chronological Approach to the History of Life on Earth* (publié originellement sous le titre *Earth, Moon, and Planets*, vol. 98/1-4), Springer (2006).

HAECKEL E., *Histoire de la création des êtres organisés d'après les lois naturelles* (1868).

HALDANE J. B. S., « The origin of life », *New Biology*, 16, 12 (1954).

KANENDONK VAN M. J. et PIRAJNO F., « Geochemistry of metabasalts and hydrothermal alteration zones associated with *c.* 3.45 Ga chert and barite deposits : implications for the geological setting of the Warrawoona Group, Pilbara Craton, Australia », *Geochem. Explor. Environ. Anal.*, 4, 253-278 (2004).

MILLER S., « A production of amino-acids under possible primitive Earth conditions », *Science*, 117, 528 (1953).

OPARIN A. I., *Life, its Nature, Origin and Development*, Academic Press (1961).

OURISSON G. et NAKATANI Y., « The terpenoid theory of the origin of cellular life : the evolution of terpenoids to cholesterol », *Chem. Biol.*, 1, 11 (1994).

Une certaine remise en cause du « dogme central » de la biologie moléculaire : la rétrotranscription

CAIRNS-SMITH A. G., *Genetic Take Over and the Mineral Origins of Life*, Cambridge University Press (1982).

CECH T. R., « RNA as an enzyme », *Sci. Amer.*, 255, 64 (1986).

CECH T. R., ZANG A. J. et GRABOWSKI P. J., « In vitro splicing of the ribosomal RNA precursor of Tetrahymena. Involvement of a guanine nucleotide in the excisions of the intervening sequence », *Cell*, 27, 487 (1981).

CHOW L. T., GELINOS R. E., BROKER T. R. et ROBERTS R. J., « An amazing arrangement at 5'ends of Adenovirus-2 m-RNA », *Cell*, 12, 1 (1997).

HILL A. R., ORGEL L. E. et WU T., « The limits of template-directed synthesis with nucleoside-5'-phosphoro(2-methyl)imidazolides », *Orig. Life Evol. Biosphere*, 23, 285 (1993).

INOUE T. et ORGEL L. E., « A nonenzymatic RNA polymerase model », *Science*, 219, 859 (1983).

JOYCE G. F. et ORGEL L. E., « Prospect for undestanding the origin of the RNA world », *in The RNA World*, Cold Spring Harbor Monography Archive, vol. 24 (1999).

MORANGE M., *La Vie expliquée ? Cinquante ans après la double hélice*, Odile Jacob, p. 125 (2003).

SHARP P., « Splicing of messenger RNA precursors », *Science*, 235, 766 (1987).

TEMIN H. et BALTIMORE D., « RNA directed DNA synthesis and ANA tumor viruses », *Acad. Press Adv. Virus, Res.*, 17, 129 (1972).

YONATH A., « Ribosomal crystallography : peptide formation, chaperon assistance and antibiotic activity », *Mol. Cells*, 20, 1 (2006).

Chapitre II. Les premiers organismes. Biologie et classifications du vivant.

Un nouveau règne du vivant : les archébactéries

FORTERRE P., « Manipulation of cellular syntheses and the nature of viruses, the vitro cell concept », *C. R. Acad. Sci.*, 14 (fas.4), 392 (2011).

GRAYS M. W. et DOOLITTLE W. F., « Has the endosymbiont hypothesis been proven ? », *Microbiol. Rev.*, 46, 1 (1982).

MALATERRE C., *Les Origines de la vie : émergence ou explication réductive ?*, Hermann (2010).

MORANGE M., *La Vie expliquée ? Cinquante ans après la double hélice*, Odile Jacob (2003).

Le socle commun des trois règnes du vivant : le dernier ancêtre commun non identifié

FORTERRE P. et PHILIPPE H., « The last universal common ancestor (LUCA), simple or complex ? », *Biol. Bull.*, 196, 373 (1999).

KANDLER O., *Early Life on Earth*, Columbia University Press, p. 152 (1994).

LONG E. F. de, « Archaea in coastal marine environments », *Proc. Natl. Acad. Sci. USA*, 89, 5685 (1992).

PACE N. R., « The universal nature of biochemistry », *Proc. Natl. Acad. Sci. USA*, 98, 805 (2001).

WOESE C. R. et FOX G. E., « Phylogenetic structure of the prokaryotic domain : the primary kingdoms », *Proc. Natl. Acad. Sci. USA*, 74 (11), 5088 (1977).

WOESE C. R., « Bacterial evolution », *Microbiol. Rev.*, 51, 221 (1987).

WOESE C. R., KANDLER O. et WHEELIS M. J., « Towards a natural system of organisms : proposal for the domains Archaea, Bacteria and Eucarya », *Proc. Natl. Acad. Sci. USA*, 87, 4576 (1990).

Chapitre III. Les premières espèces et leur évolution. Histoire des idées sur la diversité du monde vivant

La création d'un nouveau concept : la biodiversité

Biodiversité et environnement, rapport Science et Technologies, n° 33, Acad. Sci., Tec & Doc (1995).

LÉVÊQUE C. et MOUNOLOU J.-C., *Biodiversité. Dynamique biologique et conservation*, Dunod (2001).

REAKA-KUDLA MARJORIE L., WILSON D. E. et WILSON E. O., *Biodiversity. II. Understanding and Protecting our Biological Resources*, National Academies Press (1996).

TILLIER S. (éd.), *Systématique. Ordonner la diversité du vivant*, rapport Science et Technologies, n° 11, Acad. Sci., Tec & Doc (2000).

WILSON E. O., *The Current State of Biological Diversity, Biodiversity*, National Academies Press, p. 1-13 (1988).

WILSON E. O., *La Diversité de la vie*, Odile Jacob (1993).

Les Anciens et la biodiversité

ARISTOTE, *Traité sur les parties des animaux*, livre premier, Aubier Montaigne, p. 169 (1945).

BUICAN D., *Histoire de la génétique et de l'évolutionnisme en France*, PUF (1984).

BUICAN D., *La Révolution de l'évolution*, PUF (1989).

BUICAN D., *L'Évolution, la grande aventure de la vie*, Nathan (1995).

BUICAN D. et GRIMOULT C., *L'Évolution. Histoire et controverses*, CNRS (2011).

TATON R., *La Science antique et médiévale. Des origines à 1450*, PUF (1994).

Les classifications de Linné à Hennig

CUVIER G., *Leçons d'anatomie comparée* (5 vol.) (1800-1805).

CUVIER G., *Recherches sur les ossements fossiles de quadrupèdes; où l'on rétablit les caractères de plusieurs espèces d'animaux que les révolutions du globe paraissent avoir détruites* (1812).

DARWIN C., *On the Origin of Species by Means of Natural Selection*, J. Murray (1859).

DARWIN C., *The Descent of Man and selection in relation to sex*, J. Murray (1871).

GEOFFROY SAINT-HILAIRE É., « Considérations générales sur les vertébrés », *Muséum national d'histoire naturelle*, 9, 99 (1822) ; *Principes de philosophie zoologique* (1830).

HAECKEL E., *Histoire de la création des êtres organisés d'après les lois naturelles* (1868).

LECOINTRE G. et LE GUYADER H., *Classification phylogénétique du vivant*, Belin (2001).

LINNÉ C. von, *Systema naturae* (1735) ; *Fundamenta Botanica* (1736) ; *Philosophia* (1751).

LAMARCK J. B., *Philosophie zoologique* (1809).

MAYR E., « Cause and effect in biology », *Science*, 134, 1501 (1966).

MAYR E., *Après Darwin. La biologie une science pas comme les autres*, Dunod (2006).

SIMPSON G. G., « Biology and the nature of science : Unification of the sciences can be most meaningfully sought through study of the phenomena of life », *Science*, 139, 81 (1963).

Chapitre IV. Données actuelles sur la diversité biologique

La biodiversité aujourd'hui : une réalité sans doute sous-estimée

BOUCHET P., De WEVER P., TILLIER S., « Les inventaires taxonomiques », *Systématique. Ordonner le vivant*, rapport Science et Technologies, n° 11, Acad. Sci., Tec & Doc (2000).

HAMMOND P. M., « Species inventory, practical approaches to the estimation of the extent of biodiversity in speciose groups », *Phil. Trans. R. Soc. Lond.*, 345, 119-136 (1994).

LÉVÊQUE C. et MOUNOLOU J. C., *Biodiversité. Dynamique biologique et conservation*, Masson-Dunod (2001).

STORK N. E., *Global Diversity Status of the Earth Living Resources*, Chapman and Hall, p. 17 (1993).

STORK N. E., « How many species are there ? », *Biodiv. Conserv.*, 2, 215 (1993).

TAQUET P., « Darwin et l'évolution des espèces », *La Lettre de l'Académie des sciences*, 26, 2 (2010).

Les menaces actuelles sur la survie de certaines espèces

BOIVERT V. et BAZILE D., « Biodiversité : des codes de bonne conduite », *La Recherche*, n° 406, p. 26 (2007).

STORK N. E., « Measuring global diversity and its decline », *in* R. Kudla, D. E. Wilson et E. O. Wilson (éd.), *Biodiversity II*, Joseph Henry Press, p. 41 (1997).

TILLIER S. (éd.), *Systématique. Ordonner la diversité du vivant*, rapport Science et Technologies, n° 11, Acad. Sci., Tec & Doc (2000).

La crise contemporaine de la biodiversité

BIA S., « Menaces sur la biodiversité », *Le Journal du CNRS*, n° 180, p. 18 (2005).

MORELL V., « The sixth extinction », *National Geographic*, 195, n° 2, 42 (1999).

TESTARD-VAILLANT P., « Cinq défis pour la biodiversité », *Le Journal du CNRS*, n° 196, p. 18 (2006).

TILLIER S. (éd.), *Systématique. Ordonner la diversité du vivant*, rapport Science et Technologies, n° 11, Acad. Sci., Tec & Doc (2000).

La question du réchauffement climatique

BERTELSMEIER C., « Changements climatiques et biodiversité », *Découverte*, septembre-octobre 2011, n° 376, p. 36.

Chapitre V. Les apports de la biologie contemporaine à l'étude de la biodiversité

Vers une systématique moléculaire

FITCH W. M. et MARGOLIASH E., « A method for estimating the number of invariant amino acid coding positions in a gene using cytochrome c as a model case », *Biochem. Genet.*, 1 (1), 65-71 (1967).

FITCH W. M. et MARGOLIASH E., « Construction of phylogenetic trees », *Science*, 155 (760), 279-284 (1967).

MARGOLIASH E., FITCH W. M. et DICKERSON R. E., « Molecular expression of evolutinary phenomena in the primary and tertiary structures of cytochrome c », *Brookhaven Symp. Biol.*, 21 (2), 259-305 (1968).

MORGAN G. J., « Emile Zuckerkandl, Linus Pauling, et l'horloge évolutionnaire moléculaire, 1959-1965 », *Journal de l'histoire de la biologie,* 31 (2), 155-178 (1998).

MULLIS K. B. et FALOONA F. A., « Specific synthesis of DNA in vitro, via a polymerase catalysed chain reaction », *Methods Enzymol.*, 155, 335 (1987).

PACE N. R., « A molecular view of microbial diversity and the biosphere », *Science,* 276, 734 (1997).

ZUCKERKANDL E. et PAULING L., « Molecules as documents of evolutionnary history », *J. Theor. Biol.*, 8, 357 (1965).

Une nouvelle approche de la phylogénie des plantes et des animaux par la génomique et ses applications

DELSENY M., « Reevaluating the relevance of ancestral shared synteny as a tool for crop improvement », *Curr. Opin. Plant. Biol.*, 7, 126 (2004).

DOUCE R., *Le Monde végétal. Du génome à la plante entière*, rapport Science et Technologies, n° 10, Acad. Sci., Tec & Doc (2000).

QUÉTIER F., SALANOUBAT M. et WEISSENBACH J., « Le séquençage des génomes nucléaires des plantes », *Biofutur,* 265, 27 (2006).

• Génomique animale et humaine : pradoxes numériques et considérations sur l'évolution de l'espèce humaine

BERNARDI G., « The neoselectionist theory of genome evolution », *Proc. Natl. Acad. Sci. USA*, 104 (20), 8385 (2007).

BERNARDI G. *et al.*, « The mosaic genome of warm-blooded vertebrates », *Science,* 228 (4702), 953-958 (1985).

CRAIG VENTER J. C. *et al.*, « The sequence of the human genome », *Science,* 291, 1304 (2001).

LANDER E. S. *et al.*, « Initial sequencing and analysis of the human genome », International Human Genome Sequencing Consortium, *Nature,* 409 (6822), 860-921 (2001).

• La métagénomique : une nouvelle voie d'exploration de la biodiversité microbienne

ARUMUGAM M., RAES J. *et al.*, « Enterotypes of the human gut microbiome », *Nature,* 473 (7346), 174-180 (2011).

BREATBART M. *et al.*, « Metagenomic analyses of an uncultured viral community from Human Feces », *J. of Bacteriol.*, 185, 6220 (2003).

CRAIG VENTER J. *et al.*, « Environmental genome shotgun sequencing of the Sargasso Sea », *Science,* 304, 66 (2004).

DELONG E. F., « Microbial community genomics in the ocean », *Nature Review Microbiol.*, 3, 459 (2005).

DUSKO EHRLICH S., « MetaHIT consortium », *Gastroenterol. Clin. Biol.*, 34, suppl 1, S23-28 (2010).

GEWIN V., « Discovery in the Dirt », *Nature,* 43, 384 (2006).

HANDELSMAN J., « Metagenomics or megagenomics », *Nature Rev. Microbiol.*, 3, 457 (2005).

MULLIS K. B. et FALOONA F. A., « Specific synthesis of DNA in vitro, via a polymerase catalysed chain reaction », *Methods Enzymol.*, 155, 335 (1987).

PACE N. L., « Research methods for meta-analyses », *Best Pract. Res. Clin. Anaesthesiol.*, 25 (4), 523-533 (2011).

RANDOR M. R. *et al.*, « Cloning the soil metagenome : a strategy of assessing the genetic and functional diversity of uncultured micro-organisms », *Applied and Environm. Microbiol.*, 66 (6), 2541 (2000).

STROUS M. *et al.*, « Deciphering the evolution and metabolism of an Anamox bacterium from a community genome », *Letter, Nature*, 440, 790 (2006).

ZHANG T., « RNA viral community, human feces, prevalence of plant pathogenic viruses », *Plos Biol.*, 4, 63 (2006).

Comment se forment de nouvelles espèces ? La vision des biologistes du développement

BATESON W., *Materials for Studies of Variation, Treated Within Regard of Discontinuity in the Origin of Species*, Macmillan (1884).

BRIDGES C. B., « Non-disjunction as proof of the chromosome theory of heredity », *Genetics*, 1 (1), 1-52 (1916).

CARROLL S. B., « Evo-Devo and an expanding evolutionary synthesis : a genetic theory of morphological evolution », *Cell*, 134, 25 (2008).

D'ARCY THOMPSON, *Forme et croissance*, Seuil (1994).

GEHRING W. J., « The homeo-box : A key to the understanding of development ? », *Cell*, 40, 3 (1985).

GROS F., *Les Secrets du gène*, Odile Jacob (1986).

HOURDRY J., *Biologie du développement. Morphogenèse animale. Unité et diversité des métazoaires*, Ellipses (1998).

LAUBLICHER M. D. et MAIENSCHEIN J., *From Embryology to Evo-Devo. History of Developmental Evolution,* The MIT Press (2007).

LEWIS E. B., « Pseudoallelism in Drosophila melanogaster », *Genetics*, 33 (1), 113 (1948).

LEWIS E.B., « A gene complex controlling segmentation in Drosophile », *Nature*, 276, 565 (1978).

LE DOUARIN N., *Des chimères, des clones et des gènes*, Odile Jacob (2000).

MAYNARD SMITH J. et SZATHMARY E., *The Origin of Life. From the Birth of Life to the Origin of Language*, Oxford University Press (1999).

MORANGE M., « L'évo-dévo », in *La Vie, l'Évolution et l'Histoire*, Odile Jacob, p. 73 (2011).

RICQLÈS DE A., « Regard sur l'évolutionnisme d'aujourd'hui : de la synthèse moderne à la super-synthèse "évo-dévo" (1970-2010) », *La Lettre de l'Académie des sciences*, 26, 12 (2010).

SHUBIN N., TABIN C. et CAROLL S., « Deep homology and the origin of evolutionary novelty », *Nature*, 457, 818 (2009).

Chapitre VI. Les premiers hommes. De la génomique à la paléoanthropologie

Neandertal et Homo sapiens

• Un bref rappel sur nos origines : préhumains et humains

BRUNET M., *D'Abel à Toumaï. Nomade, chercheur d'os*, Odile Jacob (2006).

COPPENS Y., *L'Histoire de l'homme. 22 ans d'amphi au Collège de France (1983-2005)*, Odile Jacob (2008).

COPPENS Y., *Le Présent du passé. L'actualité de l'histoire de l'homme*, Odile Jacob (2009).

COPPENS Y., *Le Présent du passé au carré. La fabrication de la préhistoire*, Odile Jacob (2010).

GIBBONS A., *The First Human. The Race to Discover Our Earliest Ancestors*, Double day (2006).

PICQ P., *Les Origines de l'homme expliquées à nos petits-enfants*, Seuil (2010).

• Rencontre de Neandertal et d'*Homo sapiens*

COPPENS Y., *Le Présent du passé. L'actualité de l'histoire de l'homme*, Odile Jacob (2009).

COPPENS Y., *Le Présent du passé au carré. La fabrication de la préhistoire*, Odile Jacob (2010).

• La génétique de l'homme de Neandertal

GREEN R. E. *et al.*, « A draft sequence of the Neandertal genome », *Science*, 328, 710 (2010).

ORLANDO L., DARLU P., TOUSSAINT M., BONJAN D., OTTA M. et HANNI C., « Revisiting Neandertal diversity with a 100 000 year old mtDNA sequence », *Curr. Biol.*, 16, 400 (2006).

Le gène Fox P2 et les hypothèses sur l'évolution du langage

« La souris et le gene Fox P2, un gène associé à la parole et au langage », http : evabio-blog.lemonde.fr/2009/06/25.

DEHAENE-LAMBERTZ G., « Le point sur Fox P2 : que peuvent nous enseigner les gènes sur la parole et le langage », *Sciences cognitives*, p. 2 (2004).

FISHER S. E., « The genetic basis of severe speech and language disorder », *Neurosciences and the Post Genomic Era*, symposium de la Fondation IPSEN, Springer, p. 125 (2003).

HURST J. A. *et al.*, « An extended family with a dominantly inherited speech disorder », *Dev. Med. Child Nevrol.*, 32, 352 (1990).

LAI C. S. L. *et al.*, « A novel forkhead domain gene is mutated in a severe speech and language disorder », *Nature*, 413, 519 (2001).

MARCUS G. F. et FISCHER S. E., « Fox P2 in locus : what can genes tell us about speech and language ? », *Trends in Cognitive Sciences*, 7, 257 (2003).

VARGHA-KHADEM F. *et al.*, « Praxic and non verbal deficits in a large family with a genetically transmitted speech and language disorder », *Proc. Nat. Acad. Sci. USA*, 92, 930 (1995).

VARGHA-KHADEM F. *et al.*, « Neural basis of an inherited speech and language disorder », *Proc. Nat. Acad. Sci. USA*, 95, 12695 (1998).

DEUXIÈME PARTIE

Des tournants majeurs dans l'étude du vivant au niveau moléculaire

Chapitre VII. La biologie synthétique : une nouvelle discipline au carrefour de la biologie et de la chimie

BENNER S. A. et SISMOUR M., « Synthetic biology », *Nature Reviews Genetics*, 6, 533 (2005).

BENNER S. A., YANG Z. et CHEN F., « Synthetic biology tinkering biology and artificial biology : what are we learning ? », *C. R. Acad. Sci.*, fasc. 4, 14, 372 (2011).

BENSAUDE-VINCENT B. et BENOIT-BROWAEYS B., *Fabriquer la vie. Où va la biologie de synthèse ?*, Seuil (2011).

BERTHELOT M., *Synthèse chimique*, Germes, Baillière et Cie (1876).

BRENT R., « A partnership between biology and engineering », *Nature Biotech.*, 22, 1211 (2004).

BURNS WOODWARD R., « Recent advances in the chemistry of natural products », *Nobel Lecture*, 11 décembre (1965).

DANCHIN A., « Saurons-nous construire une bactérie synthétique ? », *Med. Science*, n° 24, 533 (2008).

ENDY D., « Foundation of engineering biology », *Nature*, 438, 449 (2005).

FONTECAVE M., *Chimie des processus biologiques. Une introduction, Leçon inaugurale au Collège de France*, Fayard (2009).

FORSTER A. C. et CHURCH G. M., « Towards synthesis of a minimal cell », *Mol. Syst. Biol.*, 2, 45 (2006).

FORSTER A. C. et CHURCH G. M., « Synthetic biology projects in vitro », *Genome Res.*, 17, 1 (2007). Published by Cold Spring Harbor Laboratory Press.

LEHN J. M., « Par-delà la synthèse : l'auto-organisation (Beyond synthesis : self organization) », *C. R. Acad. Sci.*, 14 (4), 348 (2011).

MORANGE M., « L'importance de la biologie synthétique », in *La Vie, l'Évolution et l'Histoire*, Odile Jacob, p. 65 (2011).

SCHRÖDINGER E., *What Is Life ?*, Cambridge University Press (1945).

SZYBALSKI W. et SKALKA A., « Nobel prizes and restriction enzymes », *Gene*, 4 (3), 181 (1978).

Premières synthèses chimiques de gènes

AGARWAL K. L. *et al.*, « Total synthesis of the gene for an alaninc transfer RNA from Yeast », *Nature*, 227, 27 (1970).

KHORANA H. G., « Total synthesis of a gene », *Science*, 203, 614 (1979).

PAL W. *et al.*, « Vaccine candidate MSP-1 from Plasmodium falciparum, a redesigned, 4917 polynucleotide enables synthesis and isolation of a full length protein from *E. Coli* and mammalian cells », *Nucleic Acids Res.*, 27, 1094 (1999).

Des virus de synthèse

CELLO J., PAUL A. V. et WIMMEE E., « Chemical synthesis of polio virus c-DNA : generation of infectious virus in the absence of natural template », *Science*, 297, 1016 (2002).

TAUBENBERGER J. K., HULTIN J. V. et MORENS D. M., « Discovery and characterization of the 1918 pandemic influenza virus in historical context », *Antivir. Ther.*, 12, 581 (2007).

WINNER E., MUELLER S, TEMPEY T. M. et TAUBENBERGER J. R., « Synthetic viruses : a new opportunity to understand and prevent viral diseases », *Nature, Biotech.*, 27, n° 12, 1163 (2009).

Synthèse chimique des génomes bactériens

GIBSON D. G. *et al.*, « Complete chemical synthesis, assembly and cloning of a mycobacterium genome », *Science*, 319, 1215 (2008). On line Science Express.

GIBSON D. B., CRAIG VENTER J. *et al.*, « Creation of a bacterial cell controlled by a chemically synthesized genome », *Science*, 329, 52 (2010).

LARTIGUE C. *et al.*, « Genome transplantation in bacteria : changing one species to another », *Science*, 317, 632 (2007).

TUCKER J. B. et ZILINSKAS R. A., « The promise and perils of synthetic biology », *The New Atlantis Journal of Technology and Society* (2006).

Substitution de génomes bactériens

CRAIG VENTER J. *et al.*, « Substitution de génomes bactériens », *Science*, 317, 632 (2007).

GIBSON D., CRAIG VENTER J. *et al.*, « Creation of a bacterial cell controlled by a chemically synthesized genome », *Science*, 329, 52 (2010).

Vers la création de structures pseudo-vivantes

FORSTER A. C. et CHURCH G. M., « Towards synthesis of a minimal cell », *Mol. Syst. Biol.*, 2, 45 (2006).

FORSTER A. C. et CHURCH G. M., « Synthetic biology projects in vitro », *Genome Res.*, 17 (1), 1-6 (2007).

HOLMES B, « Second genesis », *New Scientist*, 14 mars, 28 (2009).

ISAACS F. J., CARR P. A., WANG H. H., LAJOIE M. J., STERLING B., KRAAL L., TOLONEn A. C., GIANOULIS T. A., GOODMAN D. B., REPPAS N. B., EMIG C. J., BANG D., HWANG S. J., JEWETT M. C., JACOBSON J. M. et CHURCH G. M., « Precise manipulation of chromosomes in vivo enables genome-wide codon replacement », *Science*, 333 (6040), 348-353 (2011).

LINCOLN T. A., JOYCE G. F., « Self-sustained replication of an RNA enzyme », *Science*, 323 (5918), 1229-1232 (2009).

PORCAR M., DANCHIN A., DE LORENZO V., DOS SANTOS V.A., KRASNOGOR N., RASMUSSEN S. et MOYA A., « The ten grand challenges of synthetic life », *Syst. Synth. Biol.*, 5 (1-2), 1-9 (2011).

La biologie synthétique : un tournant majeur de la biologie et des biotechnologies

FAGOT-LARGEAULT A., GALPERIN C., GROS F. et LIVAGE J., « De la chimie de synthèse à la biologie de synthèse », *C. R. Acad. Sci.*, 14 (fasc.4), 343 (2011).

GIBSON D., VENTER CRAIG J. *et al.*, « Creation of a bacterial cell controlled by a chemically synthesized genome », *Science*, 329, 52 (2010).

LEHN J. M., « Par-delà la synthèse : l'auto-organisation », *C. R. Acad. Sci.*, 14 (fasc. 4), 348 (2011).

LU W. *et al.*, « Genetic incorporation of unnatural amino-acids into proteins in mammalian cells », *Nature, Methods*, 4, 239 (2007).

MEUNIER B., « Les molécules hybrides comme stratégie de création de nouveaux agents infectieux », *C. R. Acad. Sci.*, 14 (fasc.4), 400 (2011).

Biologie synthétique et considérations éthiques

BOLDT J. et MÜLLER O., « Newtons of the leaves of grass », *Nature Biotech.*, 26, 387 (2008).

CHO M. K. *et al.* « The ethics of the genomic group », *Science*, 286, 2087 (1999).

KAEBNICK G. E. *et al.*, « Should moral objections to synthetic biology affect public policy ? », *Nat. Biotechnol.*, 27 (12), 1106-1108 (2009).

MORANGE M., *La Vie, l'Évolution et l'Histoire*, Odile Jacob (2011).

PRESTON C. J., « Synthetic biology : Drawing a line in Darwin's sand », *Environm. Values*, 17, 23 (2008).

TUCKER J. B. et ZILLINSKAS R. A., « The promise and perils of synthetic biology », *The New Atlantis Journal of Technology and Society* (2006).

Chapitre VIII. Du renouveau en biologie moléculaire

Une vraie révolution en biologie moléculaire : le monde extraordinaire des ARN de régulation

CECH T. R., « RNA as an enzyme », *Scientific Amer.*, 255, 64 (1986).

CECH T. R., ZANG A. J. et GRABOWSKI P. J., « In vitro splicing of the ribosomal RNA precursors of tetrahymena – Involvment of a guanine nucleotide in the excision of the intervening sequence », *Cell*, 27, 487 (1981).

CHO M. K. *et al.* « The ethics of the genomic group », *Science*, 286, 2087 (1999).

JACOB F. et MONOD J., « Genetic regulatory mechanisms in the synthesis of proteins », *J. Mol. Biol.*, 3, 318 (1961).

KENDREW J., *The Thread of Life : An Introduction to Molecular Biology*, Harvard University Press (1966).

PERUTZ M. F., *Proteins and Nucleic Acids*, Elsevier (1962).

SHARP P., « Splicing of messenger RNA precursors », *Science*, 235, 766 (1987).

TEMIN H. et BALTIMORE D., « RNA-directed DNA synthesis and RNA tumor viruses », *Adv. Virus. Res.*, 17, 129 (1972).

Un nouveau mode de régulation inattendu, ou l'univers des riborégulateurs

• Les petits ARN non codants

GROS F., « Si-ARN et micro-ARN », in *A Biology for Development*, EDP Sciences, p. 80 (2009).

• Les micro-ARN

AMBROS V., « A hierarchy of regulatory genes controls a larva to adult developmental switch in *C. elegans* », *Cell*, 57, 49 (1989).

BARTEL D., « Micro RNAs : genomics, biogenesis, mechanisms and functions », *Cell*, 116, 281 (2004).

BROOTERSEN P. et VOINNET O., « The diversity of RNA silencing pathways in plants », *Trends Genet.*, 22, 268 (2006).

LAGOS QUINTINA M. *et al.*, « Identification of novel genes coding for small expressed RNAs », *Science*, 294, 853 (2001).

LEE R. C., FEINBAUM R. L. et AMBROS V., « The *C. elegans* heterochronic gene Lin-4, encodes small RNA's, with antisense complementary to Lin-4 », *Cell*, 75, 843 (1993).

MALLORY A. C. et VAUCHERET H., « Functions of micro RNAs and related small RNAs in plants », *Nature Genet.*, 38, suppl., 31-36 (2006).

PALATNIK J. E. *et al.*, « Control of leaf morphogenesis by micro-RNAs », *Nature*, 425, 257 (2003).

REINHART B. J., SLACK F. J., BASSON M., BETTINGER J. C., PASQUINALLI A. E., ROUGVIO A. B., HORVITZ H. R. et RUVKUN G., « The 21 nucleotide Let-7 RNA regulates development timing in *Caemorhabditis elegans* », Nature, 403, 801 (2000).

REINHART B. J., WEINSTEIN E. G., RHOADES M. W., BARTEL B. et BARTEL D. P., « Micro RNAs in plants », *Genes Dev.*, 16, 1616 (2002).

SLACK F. J. *et al.*, « The lin-41RBCC gene acts in the *C. elegans* heterochronic pathway between the Let-4 regulatory RNA and the Lin-29 transcription factor », *Mol. Cell.*, 5, 659 (2000).

WIGHTMAN B., BURGLIN T. R., GATTO J., ARASU P. et RUVSKUN G., « Negative regulatory sequences in the Lin-14 3' untranslated region are necessary to generate a temporal switch during *Caenorhabditis elegans* development », *Genes Dev.*, 5, 1813 (1991).

• Synthèse et mécanismes d'action des micro-ARN

CARMELL M. A., XUAN Z., ZHANG M. Q. et HANNON G. J., « The argonaute family : Tentacles that reach into RNAi developmental control, stem cell maintenance and tumorigenesis », *Genes Dev.*, 16, 2733 (2002).

HULVAGNER G., MC LACHIAN J., PASQUENILLI A. E., BALIST E., TUSCHI T. et ZAMORE P. B., « A cellular function for the RNA interference enzymes Dicer in the maturation of the Let-7 small temporal RNA », *Science*, 293, 834 (2001).

KETTING R. F. *et al.*, « Dicer functions in RNA interference and in synthesis of small RNA involved in development timing in *C. elegans* », *Genes Dev.*, 15, 2654 (2001).

LEE Y. *et al.*, « The nuclear RNAse III, Drosha initiates microRNA processing », *Nature*, 425, 115 (2003).

MURCHISON E. P. et HANNON G. J., « MiRNAs on the move : miRNA biogenesis and the RNAi machinery », *Curr. Opin. in Cell. Biol.*, 16, 223 (2004).

PROVOST P., SILVERSTEIN R. A. *et al.*, « Dicer is required for chromosome segregation and gene silencing in fission yeast cells », *Proc. Natl. Acad. Sci. USA*, 99, 16645 (2002).

QUIN Y. R., MACARA I. G. et CULLEN B. R., « Exportin-5 mediates the nuclear export of pre-microRNAs and short hairpin RNAs », *Genes Dev.*, 17, 3011 (2003).

TOMARI Y. *et al.*, « Risc assembly defects in the Drosophila RNAi mutant armitage », *Cell*, 116, 831 (2004).

• Les ARN d'interférence si-ARN

DOENCH J. G., PETERSEN C. P. et SHARP P., « si-RNAs function as miRNAs », *Genes and Dev.*, 17, 438 (2003).

ELBASHIR S. M., LENDECKEL W. et TUSCHI T., « RNA interference mediated by 21 and 22 nucleotide RNAs », *Genes and Dev.*, 15, 188 (2001).

MALLORY A. C. et VAUCHERET H, « Functions of micro RNA and related small RNAs in plants », *Nature Genetics*, 38, suppl., S 31-36, (2006).

MARTINEZ J. *et al.*, « Single stranded antisense siRNAs guide target RNA cleavage in RNAi », *Cell*, 110, 563 (2002).

VASTENHOUW N. L. et PLASTERK R. H. A., « RNAi protects the *C. elegans* germline against transposition », *Trends Genet.*, 20 (n° 7), 314 (2004).

• Les riborégulateurs dans le monde végétal

BARTEL D. P., « Micro RNAs : genomics, biogenesis mechanism and function », *Cell*, 116, 281 (2004).

BRODERSEN P. et VOINNET O., « The diversity of RNA silencing pathways in plants », *Trends Genet.*, 22, 268 (2006).

DING S. W. et VOINNET O., « Antiviral immunity directed by small RNAs », *Cell*, 130, 413 (2007).

MALLORY A. C. et VAUCHERET H., « Functions of micro RNA and related small RNAs in plants », *Nature Genetics*, 38, suppl., S 31-36 (2006).

VAUCHERET H., « Post-transcriptional small RNA pathways in plants : Mechanisms and regulations », *Genes Dev.*, 20, 759 (2006).

VOINNET O., PINTO Y. M. et BAULCOMBE D. C., « Suppression of gene silencing : A general strategy used by diverse DNA and RNA viruses of plants », *Proc. Nat. Acad. Sci. USA*, 96, 14147 (1999).

• Petits ARN à fonctions régulatrices chez les bactéries

MIZUNO T., CHOU M. Y. et INOUYE M., « A unique mechanism regulating gene expression translational inhibition by a complementary RNA transcript (micRNA) », *Proc. Natl. Acad. Sci. USA*, 81, 1966 (1984).

TOMIZAWA J., ROH, T., SEIZER G. et SOM T., « Inhibition of Col E.1 RNA primer formation by a plasmid-specified small RNA », *Proc. Natl. Acad. Sci. USA*, 78, 1421 (1981).

WATERS L. S. et STORZ G., « Regulatory RNAs in Bacteria », *Cell*, 136, 615 (2009).

• Les ribo-switches

KIM V. N., « Small RNAs just got bigger. Piwi-interacting RNAs (pi-RNAs) in mammalian testes », *Genes Dev.*, 20, 1993 (2006).

STORZ G., VOGEL J. et WASSARMAN K., « Regulation by small RNAs in Bacteria – Expanding Frontiers », *Molec. Cell*, 43, 880 (2011).

TOLEDO-ARANA T. *et al.*, « The listeria transcriptional landscape from saprophytim to virulence », *Nature*, 459, 950 (2009).

TOLEDO-ARANA T., REPOILA F. et COSSART P., « Small non coding RNAs controlling pathogenesis », *Curr. Opin. in Microbiol.*, 10, 182 (2007).

WATERS L. S. et STORZ G., « Regulatory RNAs in bacteria », *Cell*, 136, 615 (2009).

• ARN non codants et défenses des bactéries contre les virus

BARRANGAU R. *et al.*, « CRISPR provides acquired resistance against viruses in prokaryotes », *Science*, 315, 1709 (2007).

BOLTIN A. *et al.*, « Clustered regulatory interspaced short palindrome repeats have spacers of extra-chromosomal origin », *Microbiology*, 151, 2557 (2005).

HORWATH P. et BARRANGOU R., « CRISPR/Cas, The immune system of Bacteria and Archaea », *Science*, 327, 167 (2010).

JANSEN R. *et al.*, « Identification of genes that are associated with DNA repeats in prokaryotes », *Mol. Microbiol.*, 43, 1565 (2002).

JORE M. M. *et al.*, « Structural basis for CRISPR RNA-guided DNA recognition by Cascade », *Nature Struct. and Molec. Biol.*, 18 (5), 529 (2011).

Les petits riborégulateurs du système nerveux : vers une nouvelle approche de son fonctionnement et de ses pathologies

ABELIOVICH A., « A microRNA feedback circuit in midbrain dopamine neurons, in "Macroroles for microRNA in the life and death of neurons" », *in* B. de

Strooper et Y. Christen (éd.), *Research and Perspectives in Neurosciences*, Springer, p. 27 (2010).

CACHIARELLI D. *et al.*, « Micro RNA involved in molecular circuitines. Relevant for Duchenne muscular dystrophy pathogenesis are controlled by the dystrophin/NOS pathway », *Cell Metabolism*, 12, 341 (2010).

CONACO C., OTTO S., HAN J. J. et MANDEL G., « Reciprocal actions of REST and a microRNA promote neuronal identity », *Proc. Natl. Acad. Sci. USA*, 103, 2422 (2006).

CRIST C. G. et Buckingham M., « Megarole for microRNA in muscle disease », *Cell Metab.*, 12 (5), 425-426 (2010).

KAPSIMALI M. *et al.*, « MicroRNAs show a wide diversity of expression profiles in the developing and mature central neurons system », *Genome Biol.*, 8, R173 (2007).

MORRIS K. V., « Long antisense non coding RNAs function to direct epigenetic complexes that regulate transcription in human cells », *Epigenetics*, 4, 296 (2009).

SCHRATT G. M. *et al.*, « A brain specific microRNA regulates dendritic spine development », *Nature*, 439, 283 (2006).

SIMON D. J. *et al.*, « The microRNA mir-1 regulates a MEF-2 dependent retrograde signal at neuromuscular junctions », *Cell*, 133, 903 (2008).

TROOPER B. de et CHRISTEN Y., *Macroroles for Micro-RNAs in the Life And Death of Neurons*, Springer (2010).

VIVANATHAN J., LEE S., LEE B., LEE J. W., LEE S. K., « The microRNA mir-124 antagonizes the antineural REST/SCP_1 pathway during embryonic CNS development », *Genes Dev.*, 21, 744 (2007).

Vers une réévaluation du concept d'information génétique

MATTICK J. S. *et al.*, « A global view of genetic information moving beyond the gene and the master regulation », *Genetics*, 26, n° 1, 21 (2009).

SNOEP J. L. et WESTERHOFF H. V., « From isolation to integration – a systems biology approach for building a silicon cell », *in Systems Biology and Perspectives*, Springer, p. 7 (2005).

SCHERRER K. et JOST J., « Gene and genon concept : Coding versus regulation. A conceptual and information theoretic analysis of genetic storage and expression in the light of modern molecular biology », *Theory Biosci.*, 126, 65 (2007).

ARN non codants et phénomènes épigénétiques

AVNER P. et HEARD E., « X chromosome inactivation : counting, choice and initiation », *Nature Res. Genet.*, 1, 59 (2001).

BOURC'HIS D. et VOINNET O., « A small RNA perspective on gametogenesis, fertilization and early zygotic development », *Science*, 330, 617 (2010).

CHUREAU C., CHANTALAT S., ROMITO A., GALVANI A., DURET L., AVNER P. et ROUGEULLE C., « Ftx is a non-coding RNA which affects Xist expression and chromatin structure within the X-inactivation center region », *Hum. Mol. Genet.*, 20 (4), 705-718 (2010).

DEUVE J. L. et AVNER P., « The coupling of x-chromosome inactivation to pluripotency », *Annu. Rev. Cell. Dev. Biol.*, 27, 611-629 (2011).

HEARD E., AVNER P. et ROTHSTEIN R., « Creation of a deletion series of mouse YACs covering a 500 kb region around Xist », *Nucleic Acids Res.*, 22 (10), 1830 (1994).

MATTICK J. C., « The genetic signature of non coding RNAs », *PLoS Genet.*, 5, e1000459 (2009).

MATTICK J. C. *et al.*, « RNA regulation of epigenetic processes », *Bioessays*, 31, 51 (2009).

MOREY C. et AVNER P., « The demoiselle of X-inactivation : 50 years old and as trendy and mesmerising as ever », *PLoS Genet.*, 7 (7) (2011).

NOBLE D., *La Musique de la vie. La biologie au-delà du génome*, Seuil (2007).

SAUER U. *et al.*, « Getting closer to the whole picture », *Science*, 316, 550 (2007).

Chapitre IX. Considérations générales sur la biologie des systèmes

LEMBERGER T. (éd.), « Systems biology in human health and diseases », *Mol. Syst. Biol.*, supp., EMBO and Nature Publishing group (2007).

NOBLE D., *La Musique de la vie. La biologie au-delà du génome*, Seuil (2007).

NOBLE D., « The aims of systems biology : Between molecules and organisms », *Pharmacopsychiatry*, 44 (1), S9-S14 (2011).

SAUER U. *et al.*, « Getting close to the whole picture », *Science*, 316, 550 (2007).

SNOEP J. L. et WESTERHOFF H. V., « From isolation to integration – a systems biology approach for building a silicon cell », *in Systems Biology and Perspectives*, Springer, p. 7 (2005).

TROISIÈME PARTIE

Génétique contemporaine et connaissance des maladies

Chapitre X. Génétique et santé. Maladies génétiques, cancers

Les maladies génétiques

DUCHENNE G. (en coll. avec Pinell P.), *Histoire des myopathies*, Payot, (1998).

GARROD A., « Inborned errors of metabolism », *Nature*, 180, 326 (1957).

GROS F., « Maladies génétiques. Thérapie génique », *in Une biologie pour le développement*, EDP Sciences, p. 131 (2009).

INGRAM V. M., « A specific chemical difference between the globins of normal human and sickle-cell anaemia haemoglobin », *Nature*, 178 (4537), 792-794 (1956).

INGRAM V. M., « Gene mutations in human haemoglobin : The chemical difference between normal and sickle cell haemoglobin », *Nature*, 180, 326, (1957).

INGRAM V. M., « Abnormal human haemoglobins. I. The comparison of normal human and sickle-cell haemoglobins by fingerprinting », *Biochim. Biophys. Acta*, 28 (3), 539-545 (1958).

MANDEL J. L., « Gènes et maladies. Les domaines de la génétique humaine sur la myopathie de Duchenne », *Collège de France, Leçons*, Fayard, p. 179 (2005).

• Typologie des maladies génétiques

GROS F., « Génomique et maladies », *in Mémoires scientifiques. Un demi-siècle de biologie*, Odile Jacob, p. 253 (2003).

• Les gènes de prédisposition, le terrain génétique

« Institut Pasteur, au cœur de la recherche. Spécial 120 ans », *Le Point*, n° 1879, p. 18 (2008).

DAUSSET J., « Immuno-hématologie des plaquettes et des leucocytes », *Presse Med.*, 61, 1533 (1953).

DAUSSET J. *et al.*, « Collaborative genetic mapping of the human genome », *Genomics*, 258, 67 (1992).

DAUSSET J., *Clin d'œil à la vie. La grande aventure HLA*, Odile Jacob (1998).

JEFFREY A. J., WILSON V. et THEIN S. L., « Hypervariable satellite regions in human DNA », *Nature*, 314, 67 (1989).

LEWIS K., « SNP's as windows on evolution », *The Scientist*, 16, 16 (2002).

SNELL G., DAUSSET J., NATHENSON S., *Histocompatibility*, Academic Press (1976).

Les maladies neurologiques

« Les maladies neuro-dégénératives », *Ann. Inst. Pasteur (Actualités)*, Elsevier, 11, n° 2 (2000).

• Sur la maladie d'Alzheimer

ALZHEIMER A., « Über eine eigenartige Erkrankung der Hirnrinde », *Centralblatt für Nervenheilkunde und Psychiatrie*, 30, 177 (1907).

BLACKER D. *et al.*, « Correspondance », *Nature Genetics*, 22, 19 (1999).

CHERCKER F., « Presenillins, structural aspects and post-translational events in normal ageing and Alzheimer's disease », *Molec. Neurobiol.*, 19, 255 (1999).

DELACOURTE A. *et al.*, « The biochemical pathway of neurofibrillary degeneration in aging and Alzheimer disease », *Neurology*, 52, 1158 (1999).

ESIRI M. M., HUMAN B. T., BEYREUTHER K., MASTERS C. I., « Ageing and dementia », *in* D. I.Graham et P. Lantos P. (éd.), *Greenfield Nauropathology*, Arnold, p. 153 (1997).

HAUW J.-J., DUBOIS B., VERNY M. et DUYCKAERTS C., *La Maladie d'Alzheimer*, John Libbey Eurotext (1997).

MASTERS C. L., SIMMS G., WEINMAN N. A., MULTHAUS G. et BEYREUTHES K., « Amyloid plaque core protein in Alzheimer disease and Down syndrome », *PNAS USA*, *82*, 4245 (1982).

PERICAK-VANCE M. A. *et al.*, « Complete genomic screen in late onset familial Alzheimer disease. Evidence for a new locus on chromosome 12 », *JAMA*, 278, 1237 (1997).

PERICAK-VANCE M. A. *et al.*, « Linkage studies in familial Alzheimer disease : evidence for chromosome 19 linkage », *Amer. J. Human Genet.*, 48, 1034 (1991).

SAUNDERS A. M. *et al.*, « Association of apolipoprotein E allele epsilon 4 with late onset familial and sporadic Alzheimer's disease », *Neurology*, 43, 1467 (1993).

TERRY R. D. et HANSEN L. A., « Some morphometric aspects of Alzheimer disease and normal ageing », *in* R. D. Terry (éd.), *Aging of the brain*, Raven Press, p. 109 (1988).

VASSAR R. *et al.*, « β Secretase cleavage of Alzheimer's amyloide precursor protein by the transmembrane Asparti-Protease BACE », *Science*, *286*, 735 (1999).

ZUKENKO G. *et al.*, « Prospective study of risk factors for Alzheimer's disease : results at 7.5 years », *Am. J. Psychiatry*, 50 (1999).

• Sur la maladie de Parkinson

BRASSAT D., DURR A., AGID Y., BRICE A. *et al.*, « Génétique de la maladie de Parkinson », *Revue méd. interne*, 20, 709 (1999).

JELLNIGER K. A., « Post-mortem studies in Parkinson's disease : is it possible to detect brain areas for specific symptoms ? », *J. Neural. Tansm.*, Suppl. 6, 1 (1999).

RUBERG M., « Maladie de Parkinson : vers un mécanisme de mort neuronale », *Ann. Inst. Pasteur, Actualités : les maladies neurodégénératives*, Elsevier, 11, p. 25 (2000).

SPACEY S. D. et WOOD N. W., « The genetics of Parkinson's disease », *Curr. Opin. Neurol.*, 12, 427 (1999).

• Autres maladies

GUSELLA J. F. et MACDONALD M. E., « Huntington's disease, CAG genetics expands neurobiology », *Curr. Opin. Neurobiol.*, 5, 656 (1995).

LEBRE A. S. et BRICE A., « Maladies par expansion de polyglutamine ; Données moléculaires et physiopathologiques », *Ann. Inst. Pasteur (Actualités)*, 11, p. 47 (2000).

Les maladies psychiatriques

MIRNICS K. *et al.*, « Molecular characterization of schizophrenia viewed by microarray analysis of gene expression in prefrontal cortex », *Neuron*, 28, 53 (2000).

MIRNICS K. *et al.*, « Analysis of brain disorders using DNA microarrays », *in* J. Mallet et Y. Christen (éd.), *Neurosciences at the Post-genomic Era*, Fondation IPSEN, Springer, p. 45 (2003).

SHERWOOD P., « Genome variation and human disease (autism, Parkinson's disease and Schizophrenia) », *Harbor Transcript. A Newsletter of Cold Spring Publishing*, 25, n° 1 (2005).

Les autismes

BOURGERON T., « A synaptic trek to autism », *Current Opin. in Neurobiol.*, 19, 231 (2009).

JAMAIN S. *et al.*, « Mutations of the X-linked genes encoding neuroligins $NLGN_3$ and $NLGN_4$ are associated with autism », *Nature Genet.*, 34, 27 (2003).

Génétique des cancers

GROS F., *Une biologie pour le développement*, préface de J.-M. Roy, EDP Sciences, p. 170-178 (2009).

• Oncogènes

BISHOP J. M., « Oncogenes and clinical cancer », *in* D. Hanahan et R. A. Weinberg (éd.), « The hallmarks of cancer », *Cell*, 100, 57 (2000).

LEDFORD H., « The cancer genome challenge », *Nature*, 464, 972 (2010).

STEHELIN D., VARMUS H. E., BISHOP J. M. et VOGT P. K., « DNA related to transforming gene(s) of avian sarcoma viruses present in normal avian DNA », *Nature*, 260, 170 (1976).

STRATTON M. R., CAMPBELL P. J. et FUTREAL P. A., « The cancer genome », *Nature*, 458, 719 (2009).

VARMUS H. E., « An historical overview of oncogenes », *in* R. A. Weinberg (éd.), *Oncogenes and the Molecular Origin of Cancers*, Cold Spring Harbor Laboratory Press, 18, 3 (1989).

WEINBERG R. A. (éd.), *Oncogenes and the Molecular Origin of Cancers*, Spring Harbor Laboratory Press, 18 (1989).

• Anti-oncogènes ou « gènes sentinelles »

KASTAN M. B., ONYEKEWERS O., SIDRANSKY D., VOGELSTEIN B. et CRAIG R. W., « Participation of p53 protein in the cellular response to DNA damage », *Cancer Res.*, 51, 6304 (1991).

LEVINE A., « The cellular gate keeper for growth and division », *Cell*, 88, 53 (1997).

• Systèmes de réparation et cancers

BOITEUX S., CASTAING B. et RADICELLA P., « BER : mécanismes moléculaires et rôles biologiques », *Biofutur*, n° 271, 17 (2006).

• Suicide cellulaire (apoptose) et cancers

AMEISEN J.-C., *La Sculpture du vivant. Le suicide cellulaire ou la mort créatrice*, Seuil (1999).

AMEISEN J.-C., « Apoptose en pathologie humaine », *Ann. Inst. Past. (Actualités)*, 11, n° 4 (2000).

BIALIK S. et KIMCHI A., « The death associated protein kinases : structure, function and beyond », *Ann. Rev. Biochem.*, 75, 189 (2006).

ELLIS R. E., YUAN J. Y. et HORVITZ H. R., « Mechanisms and functions of cell death », *Ann. Rev. Cell. Biol.*, 7, 663 (1991).

GROSS A., « Mitochondrial carrier homolog 2 : a clue to cracking the BCI-2 family riddle », *Bioenerget. and Biomembranes*, 37, 113 (2005).

GROSS A., « BTD as a double agent in cell life and death », *Cell Cycle*, 5, 582 (2006).

JACOBSON M. D., Weil M. et Raff M. C., « Programmed cell death in animal development », *Cell*, 88, 347 (1997).

KERR J. J. *et al.*, « Apoptosis- a basic biological phenomenon with wide ranging implications in tissue kinetics », *Brit. J. Cancer*, 26, 239 (1972).

KRAMER L. *et al.*, « Proapoptotic BID is an ATM effector in the DNA damage response », *Cell*, 122 (4), 593-603 (2005).

MAZELIN L. *et al.*, « Netrin-1 controls colorectal tumoregenesis by regulating apoptosis », *Nature*, 431, 80 (2004).

REED J. C., « Dysregulation of apoptosis in cancer », *J. Clin. Oncol.*, 17, 2941 (1999).

THIEBAULT K. *et al.*, « The netrin-1 receptors UNC_5H are putative tumor suppressors controlling cell death commitment », *Proc. Natl. Acad. Sci. USA*, 7, 4173 (2003).

• Modifications épigénétiques et cancers

CUI H. *et al.*, « Loss of IGF2 imprinting : a potential marker of colorectal cancer risk », *Science*, 299, 1753 (2003).

FEINBERG A. P. et VOGELSTEIN B., « Hypomethylation distinguishes genes of some human cancers from their normal counterparts », *Nature*, 301, 89 (1983).

FEINBERG A. P., OHLSSON R. et HEMIKOFF S., « The epigenetic progenitor origin of human cancer », *Nature Rev. Genet.*, 7, 21 (2006).

GAUDET F. *et al.*, « Induction of tumors in mice by genomic hypomethylation », *Science*, 300, 489 (2003).

HERMAN J. G. et BAYLIN S. B., « Gene silencing in cancer in association with promoter hypomethylation », *New Engl. J. Med.*, 349, 2042 (2003).

HOCHEDLINGER K. *et al.*, « Reprogramming of a melanoma genome by nuclear transplantation », *Genes Dev.*, 18, 1875 (2004).

JONES P. A. et BAYLIN S. B., « The fundamental role of epigenetic events in cancer », *Nature Rev. Genet.*, 3, 415 (2002).

LI L., CONELLY M. C. *et al.*, « Mouse embryos cloned from brain tumors », *Cancer Res.*, 63, 2733 (2003).

LOTEM J. et SACHS L., « Epigenetic and the plasticity of differenciation in normal and cancer cells », *Oncogene*, 25, 7663 (2006).

MARKS P. *et al.*, « Histone deacetylases and cancer : causes and therapies », *Nature Rev. Cancer.*, 1, 194 (2001).

SACHS L., « The control of hematopoieses and leukaemia : from basic biology to the clinic », *Proc. Natl. Acad. Sci. USA*, 93, 4742 (1996).

• Approches génétiques dans le diagnostic de cancer

MCKAY J. D. *et al.*, « Lung cancer susceptibility locus at 5p15.33 », *Nature Genetics*, 40 (12), 1404-1406 (2008).

MIKI Y. *et al.*, « A strong candidate for he breast and ovarian cancer susceptibility gene, BRCA1 », *Science*, 266, 66 (1994).

WOOSTER R. *et al.*, « Identification of the breast cancer susceptibility gene BRCA2 », *Nature*, 378, 789 (1995).

Chapitre XI. Le potentiel thérapeutique de la génétique contemporaine

La pharmacogénomique

Les Nouvelles Frontières de la génomique, *Biofutur*, n° 206 (2000).

GHIRINGHELLI F. *et al.*, « Activation of the NLRP3 inflammasome in dendritic cells induces IL-1-dependent adaptive immunity against tumors », *Nat. Med.*, 15, 1170 (2009).

RICHARDSON G. P., MONVEL J. B. DE, PETIT C., « How the genetics of deafness illuminates auditory physiology », *Annu. Rev. Physiol.*, 73, 311-334 (2011).

ROSES A. D., « Pharmacogenetics and the practice of medicine », *Nature*, 405, 857 (2000).

Le « gène médicament »

ANDERSON F. W., « Human gene therapy », *Nature*, 392, suppl., 25 (1998).

BLAESE R. M. et CULVER K. W. *et al.*, « T lymphocyte-directed gene therapy of ADA-SCID initial trial results after 4 years », *Science*, 270, 475 (1995).

CAVAZZANA-CALVO M., « 20 ans de thérapie génique », *Biofutur*, n° 300, p. 47 (2009).

JORDAN B., *Thérapie génique. Espoir ou illusion ?*, Odile Jacob (2007).

KYOSEN S. O. *et al.*, « Neonatal gene transfer using lentiviral vector for murine pompe disease », *VLM*, n° 145, 18 (2010).

• Les évolutions des thérapies géniques

BIFFI A., AUBOURG P., CARTIER N., « Gene therapy for leukodystrophies », *Hum. Mol. Genet.*, 20 (R1), R42-53 (2011).

JORDAN B., « Science et devenir », *Les Cahiers du M.U.R.S.*, n° 55, p. 93 (2008).

• Un succès historique : vers la fin des « enfants bulles » ?

CARTIER N., AUBOURG P., « Hematopoietic stem cell transplantation and hematopoietic stem cell gene therapy in X-linked adrenoleucodystrophy », *Brain Pathol.*, 20, 857 (2010).

CAVAZZANA-CALVO M. *et al.*, « Transfusion independence and HMGA2 activation after gene therapy of human ß-thalassaemia », *Nature*, 467, 318 (2010).

FISCHER A. et CAVAZZANA-CALVO M., « Whither gene therapy ? », *The Scientist*, 20, 36 (2006).

FISCHER A., CAVAZZANA-CALVO M. *et al.*, « Sustained correction of human X-linked severe combined immunodificiency by ex-vivo gene therapy », *New Engl. J. Med.*, 346, 1185 (2002).

GUTHLEBEN D. et LE FAOU O., *Une course pour la vie. L'AFM et la recherche biologique et médicale*, Armand Collin/Comité pour l'histoire du CNRS (2011).

D'autres stratégies contre le « brouillage » de la traduction génétique des codons

• La technique du « saut d'exon »

« Saut d'exon : quels résultats ? », *VLM*, n° 145 (2010).

GARCIA L., « Rescue of dystrophic muscle through U7snRNA-mediated exon skipping », *Science*, 306, 1796 (2004).

Vers une médicine personnalisée ?

« Cancer, la révolution. De nouvelles thérapies prolongent l'espérance de vie », *La Recherche*, n° 440 (2010).

TURSZ T. *et al.*, « Implications of personalized medicine-perspective from an cancer Center », *Nature Reviews. Clinical Oncology*, 8, 46, (2011).

Conclusion

Biologie cellulaire, biologie du développement, rapport Science et Technologies, n° 19, Acad. Sci., Tec & Doc (2004).

ATLAN H., *Le Vivant post-génomique, ou qu'est-ce que l'auto-organisation ?,* Odile Jacob (2011).

CHANGEUX J.-P., « 50th anniversary of the word "allosteric" », *Proteins Sci.*, 20, 1119 (2011).

CHANGEUX J.-P., « Allostery and the Wyman-Changeux model after 50 years », *Ann. Rev. of Biophys.*, 41 (2011).

JACOB F., *La Logique du vivant. Une histoire de l'hérédité*, Gallimard (1970).

THOMAS R., « Boolean formalization of genetic control circuits », *J. of Theoretical Biol.*, 42, (3), 563 (1973).

THOMAS R., « Kinetic logic : a Boolean approaches to the analysis of complex regulatory systems », *Lecture Notes in Biomathematics*, 29, Springer (1979).

Remerciements

Mes remerciements vont en tout premier lieu à Odile Jacob. Sans ses encouragements inlassables, sa confiance et cette vision incomparable de l'édition que chacun connaît… ce livre n'aurait sans doute jamais vu le jour !

Je dois beaucoup à la « vigilance sémantique » et à la rigueur de Cyrille Bégorre-Bret et de Marie-Lorraine Colas ; à leur patience aussi !

Enfin un très grand merci à Nathalie Zajdman, dont l'aide a été si précieuse, si efficace, à toutes les étapes !

Table

DU MÊME AUTEUR
CHEZ ODILE JACOB

Mémoires scientifiques. Un demi-siècle de biologie, 2003.
Les Sciences du vivant. Éthique et société (sous la dir. de François Gros), 2001.
Vers un anti-destin ? Patrimoine génétique et droits de l'humanité (sous la dir. de François Gros et de Gérard Huber), 1992.
L'Ingénierie du vivant, 1990.
Les Secrets du gène, 1986.

Cet ouvrage a été transcodé et mis en pages
chez Nord Compo (Villeneuve-d'Ascq)

Achevé d'imprimer en janvier 2012 sur rotative numérique Prosper
par l'Imprimerie Sagim à Courtry (Seine et Marne).

Dépôt légal : janvier 2012
N° d'édition : 7381-2720-X
N° d'impression : 12687

Imprimé en France

L'imprimerie Sagim est titulaire de la marque
Imprim'vert® depuis 2004